名校名师精品"十三五"规划教材

高职高专

Network Server Configuration and Management
of Windows Server 2012

2012

Windows Server

网络服务器配置与管理

温晓军 王小磊 ◉主编

王磊 张满桃 任定成 ◉副主编

U0191544

人民邮电出版社

北 京

图书在版编目（CIP）数据

Windows Server 2012 网络服务器配置与管理 / 温
晓军，王小磊主编. -- 北京 ：人民邮电出版社，2020.11 (2023.6重印)
高职高专名校名师精品"十三五"规划教材
ISBN 978-7-115-54614-2

Ⅰ. ①W… Ⅱ. ①温… ②王… Ⅲ. ①Windows操作系
统－网络服务器－高等职业教育－教材 Ⅳ. ①TP316.86

中国版本图书馆CIP数据核字(2020)第144845号

内 容 提 要

本书以微软产品 Windows Server 2012 为载体，全面介绍了服务器配置及管理的知识及技能。全书共 14 章，内容包括 Windows Server 2012 R2 操作系统，DHCP 服务，WINS 服务，DNS 服务，IIS，FTP 服务，PKI、SSL 网站与邮件安全，网络负载均衡与 Web Farm，路由和桥接的设置，网络地址转换，虚拟专用网，活动目录，组策略和企业局域网设计。

本书可以作为高职高专计算机相关专业和非计算机专业计算机网络技术课程的教材，也可以作为计算机软硬件培训班教材，还适合计算机网络维护人员、提供计算机网络产品技术支持的专业人员和广大计算机爱好者自学使用。

◆ 主　　编　温晓军　王小磊
　　副 主 编　王　磊　张满桃　任定成
　　责任编辑　左仲海
　　责任印制　王　郁　马振武
◆ 人民邮电出版社出版发行　　北京市丰台区成寿寺路 11 号
　　邮编　100164　　电子邮件　315@ptpress.com.cn
　　网址　https://www.ptpress.com.cn
　　三河市君旺印务有限公司印刷
◆ 开本：787×1092　1/16
　　印张：18.25　　　　　　　　2020 年 11 月第 1 版
　　字数：446 千字　　　　　　2023 年 6 月河北第 6 次印刷

定价：59.80 元

读者服务热线：(010)81055256　印装质量热线：(010)81055316
反盗版热线：(010)81055315
广告经营许可证：京东市监广登字 20170147 号

前 言 FOREWORD

Windows Server 是微软公司提供的面向中小企业的计算机网络服务器操作系统，是计算机专业人士学习计算机网络原理及应用技术的较理想的网络操作系统。考虑到高职院校的硬件资源等因素，本书选用 Windows Server 2012 R2 版本讲授网络知识及服务器配置技能。

全书共 14 章，介绍了 Windows Server 2012 中 DHCP、WINS、DNS、Web、FTP 等服务的配置，公钥基础设施（PKI）、网络负载均衡、路由、NAT、VPN 等网络服务的架设，以及 Windows Server 的精髓：活动目录和组策略等。最后还提供了一个综合性的企业局域网设计实例，帮助读者巩固所学的内容。

党的二十大报告提出：我们要坚持教育优先发展、科技自立自强、人才引领驱动，加快建设教育强国、科技强国、人才强国。本书的特点是实例教学、项目驱动，突出应用技能的培养。本书参考学时为 48～64 学时，建议采用理论实践一体化教学模式，参考学时如下表所示。

学时分配表

章	课程内容	学时
第 1 章	Windows Server 2012 R2 操作系统	3～4
第 2 章	DHCP 服务	3～4
第 3 章	WINS 服务	3～4
第 4 章	DNS 服务	3～4
第 5 章	IIS	3～4
第 6 章	FTP 服务	3～4
第 7 章	PKI、SSL 网站与邮件安全	3～4
第 8 章	网络负载均衡与 Web Farm	3～4
第 9 章	路由和桥接的设置	3～4
第 10 章	网络地址转换	3～4
第 11 章	虚拟专用网	3～4
第 12 章	活动目录	3～4
第 13 章	组策略	3～4
第 14 章	企业局域网设计	6～8
	课程考核	3～4
学时总计		48～64

　　本书由温晓军、王小磊任主编，王磊、张满桃、任定成任副主编，河源职业技术学院的叶红卫任主审。深圳职业技术学院的王隆杰、杨名川等老师提供了大量的素材，在此表示衷心的感谢！

　　由于编者水平有限，书中疏漏之处在所难免，殷切希望广大读者批评指正。同时，恳请读者一旦发现错误，及时与编者联系，以便尽快更正，编者将不胜感激，E-mail：wxjun@szpt.edu.cn。

编　者

2023 年 5 月

目 录 CONTENTS

第 1 章 Windows Server 2012 R2 操作系统

本章要点

- 了解操作系统的概念和分类。
- 掌握 Windows Server 2012 R2 的功能特性及各版本的差别。
- 掌握 Windows Server 2012 R2 的安装和基本配置。

操作系统是使计算机能正常工作的基础性系统软件,为用户提供各种基础服务。针对不同的需求,操作系统分为桌面版和服务器版。Windows Server 2012 R2 是微软发布的服务器版操作系统,在虚拟化、管理、存储、网络、虚拟桌面基础结构、访问和信息保护、Web和应用程序平台等方面具备多种功能和特性。本章首先介绍操作系统的概念、分类,然后介绍 Windows Server 操作系统的发展过程、Windows Server 2012 R2 的版本和特性,最后通过实例介绍如何合理地选用服务器版操作系统,以及如何安装和配置 Windows Server 2012 R2。

1.1 操作系统概述

1.1.1 操作系统的概念

计算机由硬件和软件两大部分组成。硬件是计算机赖以工作的实体,包括显示器、键盘、鼠标、硬盘、CPU、主板等。软件包括操作系统和应用软件。操作系统是工作在硬件与应用软件之间的桥梁,是计算机正常工作的基础。应用软件是用户使用计算机的接口,包括浏览器、Office 等。计算机的组成如图 1-1 所示。

操作系统(Operating System,OS)是管理和控制计算机硬件与软件资源的计算机程序,其功能包括管理计算机系统的硬件、软件及数据资源,控制程序运行,为其他应用软件提供支持,让计算机系统所有资源最大限度地发挥作用,提供各种形式的用户界面,为其他软件的开发提供必要的服务和相应的接口。

| 应用软件(浏览器、Office等) |
| 操作系统(Windows、Linux) |
| 硬件(CPU、内存、主板等) |

图 1-1　计算机的组成

操作系统主要包括以下几个方面的功能。

(1)进程管理,其工作主要是进程调度,在单用户单任务的情况下,处理器仅被一个用户的一个任务独占,进程管理的工作十分简单。但在多道程序或多用户的情况下,组织多个作业或任务时，就要解决处理器的调度、分配和回收等问题。

（2）存储管理，其工作包括存储分配、存储共享、存储保护、存储扩张。

（3）设备管理，其工作包括设备分配、设备传输控制、设备独立性控制。

（4）文件管理，其工作包括文件存储空间管理、目录管理、文件操作管理、文件保护。

（5）作业管理，其工作是负责处理用户提交的各种要求。

1.1.2　主流的操作系统

1．UNIX

UNIX 是一个强大的多用户、多任务操作系统，支持多种处理器架构，属于分时操作系统，最早由肯·汤普逊（Ken Thompson）和丹尼斯·里奇（Dennis Ritchie）于 1969 年在美国 AT&T 的贝尔实验室开发，只有符合单一 UNIX 规范的 UNIX 系统才能使用 UNIX 这个名称，否则只能称为类 UNIX（UNIX-like）系统。UNIX 不管其内核如何，其在操作风格上主要分为 SystemV 和 BSD 两种，典型代表分别是 Solaris 和 FreeBSD。

类 UNIX（UNIX-like）指各种传统的 UNIX 以及各种与传统 UNIX 类似的系统，它们继承了原始 UNIX 的特性，有许多相似处，并且都在一定程度上遵守 POSIX 规范。类 UNIX 系统可在多处理器架构下运行，在服务器系统上有很高的使用率。

2．Linux

Linux 是一套免费使用和自由传播的类 UNIX 操作系统，是一个基于 POSIX 和 UNIX 的多用户、多任务、支持多线程和多处理器的操作系统。它能运行主要的 UNIX 工具软件、应用程序和网络协议，继承了 UNIX 以网络为核心的设计思想，是一个性能稳定的多用户网络操作系统，支持 32 位和 64 位硬件。

3．Mac OS

Mac OS 是苹果公司为 Mac 系列产品开发的专属操作系统，是基于 UNIX 内核的图形化操作系统，一般情况下在非苹果生产的计算机上无法安装该操作系统。

4．Windows

Windows 是由微软公司开发的操作系统，是一个多任务的操作系统，采用图形窗口界面，是目前应用最广泛的操作系统。

1.1.3　Windows 操作系统与 Windows Server 操作系统

根据使用场景的不同，可将微软的操作系统分为 Windows 操作系统和 Windows Server 操作系统。

Windows 操作系统面向个人用户，工作在家庭及商业环境下，如台式计算机、工作站、笔记本电脑、平板电脑、多媒体中心等，包括 Windows XP、Windows 7、Windows 8 及 Windows 10。

Windows Server 操作系统面向企业，工作在服务器中，是微软推出的面向服务器的操作系统，包括 Windows Server 2000、Windows Server 2003、Windows Server 2008、Windows Server 2008 R2、Windows Server 2012、Windows Server 2012 R2 等。

下面以 Windows 8.1 与 Window Server 2012 R2 为例，说明二者的不同。

1. 发布时间不同

Windows 8.1 正式版于北京时间 2013 年 10 月 17 日晚上 7 点发布，开发代号为 Windows Blue，核心版本号为 Windows NT 6.3。

Windows Server 2012 R2 正式版于北京时间 2013 年 10 月 18 日发布，核心版本号为 Windows NT 6.3。

2. 应用对象不同

Windows 8.1 共有 4 个发行版本，面向个人用户，可运行在台式计算机、工作站、笔记本电脑、平板电脑等，以靓丽的界面提供友好的应用服务，具有 64/32 位版本。

Windows Server 2012 R2 面向企业用户，运行在专用的服务器中，提供企业级数据中心和混合云解决方案，仅有 64 位版本。

3. 内置服务不同

Windows 8.1 的内置服务包括：强调用户体验，提供自由的 Metro 界面，并支持触控设备；强化画面体验，支持硬件 3D 加速渲染；内置的 IE11 支持 WebGL，是首个支持 HTML5 拖放和触摸的浏览器，用户能够直接在 HTML5 网页上使用手指拖动网页中的素材；提供 Windows Store 服务，用户可以方便地利用 Windows Store 获取应用；深度整合云服务，通过 SkyDriver 打通云端与本地的连接；提供 Xbox Music——为 Xbox 360、Windows Phone 及 Windows 8.1 提供跨平台的音乐服务；支持更多硬件设备，系统更加兼容、包容。

Windows Server 2012 R2 相较于 Windows 8.1 在界面上更简洁，没有内置任何的影音娱乐服务，如 Xbox Music、照片、SkyDriver 等，其核心功能需通过"服务器管理器"进行管理。

图 1-2、图 1-3 所示分别为默认选项安装下，Windows 8.1 与 Windows Server 2012 R2 的"开始"界面。

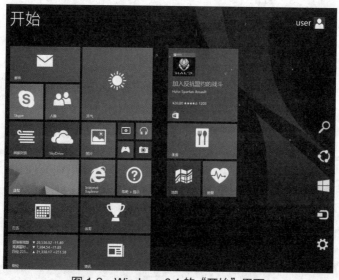

图 1-2　Windows 8.1 的"开始"界面

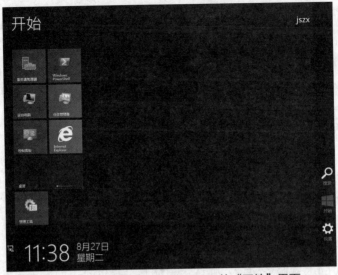

图 1-3　Windows Server 2012 R2 的"开始"界面

4．安全级别不同

Windows Server 2012 R2 在安全设置上比 Windows 8.1 严格。默认情况下的 IE 浏览器安全级别较高，基本不能访问任何网站。系统的密码规则为"密码必须符合复杂性要求"。默认开启"关闭事件跟踪程序"，要求用户对关机操作进行记录描述。

5．网络服务不同

Windows 8.1 不具备多用户同时访问的能力，例如，共享文件时，共享用户的数量限制在 20，即同时在线的用户数不能超过 20，如图 1-4 所示。当一个服务器的同时在线访问量超过 20 时，FTP、HTTP、文件共享等都会受到限制，连接数量超过 20 后，其他客户将无法访问服务器。

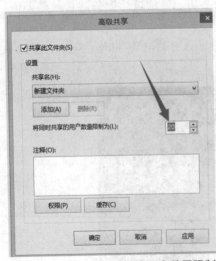

图 1-4　Windows 8.1 共享用户数量限制

6．硬件要求不同

Windows 8.1 的最低硬件配置要求为，处理器主频 1 GHz，内存空间 1 GB（32 位操作系统）或 2 GB（64 位操作系统），硬盘空间 16 GB（32 位操作系统）或 20 GB（64 位操作系统），图形显示卡支持 DirectX 9 或更高版本。

Windows Server 2012 R2 的最低硬件配置要求为，处理器主频 1.4 GHz 且必须为 64 位处理器，内存空间 512 MB，硬盘空间 32 GB。

1.2　Windows Server 2012 R2 概述

1.2.1　Windows Server 发展历程

Windows NT 3.1 是微软于 1993 年 7 月 27 日发布的 Windows NT 产品线的第一代产品，

用于服务器和商业桌面操作系统。

Windows NT 3.5 是微软于 1994 年发布的 Windows NT 产品线的第二代产品，此后陆续推出了 Windows NT 3.5x 系列。

Windows NT 4.0 是微软于 1996 年 4 月发布的，该产品是 NT 系列的一个里程碑，系统面向工作站、网络服务器和大型计算机，它与通信服务紧密集成，提供文件和打印服务，能运行 C/S 架构的应用程序，内置了 Internet/Intranet 功能。

Windows 2000 Server，原名为 Windows NT 5.0 Server，于 2000 年 2 月 17 日上市。每台机器上最多支持 4 个处理器，最低支持 128 MB 内存，最高支持 4 GB 内存。其在 NT 4 的基础上做了大量的改进，在各种功能方面有了更大的提高。

Windows Server 2003 是微软于 2003 年 4 月 24 日发布的，内核版本号为 NT 5.2。其相对于 Windows 2000 做了很多改进，如改进的活动目录、改进的组策略操作和管理、改进的磁盘管理。

Windows Server 2008 是微软于 2008 年 2 月 27 日发布的，内核版本号为 NT 6.0，有 5 种不同版本。

Windows Server 2008 R2 是微软于 2009 年 10 月 22 日发布的，内核版本号为 NT 6.1，与 Windows Server 2008 相比，Windows Server 2008 R2 继续提升了虚拟化、系统管理的性能，并强化 PowerShell 对各个服务器角色的管理指令，是第一个只提供 64 位版本的 Windows 服务器操作系统。

Windows Server 2012 是微软于 2012 年 9 月 4 日发布的，内核版本号为 NT 6.2，是 Windows Server 2008 R2 的继任者。

Windows Server 2012 R2 是微软于 2013 年 10 月 17 日发布的，内核版本号为 NT 6.3，是 Windows Server 2012 的升级版本。其功能涵盖服务器虚拟化、存储、软件定义网络、服务器管理和自动化、Web 和应用程序平台、访问和信息保护、虚拟桌面基础结构等。

1.2.2　Windows Server 2012 R2 的版本

Windows Server 2012 R2 提供 4 个版本，各版本授权及硬件对比如表 1-1 所示，各版本用户、虚拟化及授权对比如表 1-2 所示，各版本服务对比如表 1-3 所示。

1. 基础版

基础版（Foundation）是最低级别的 Windows Server 2012 R2，主要参数均受限，所支持的处理器芯片不超过 1 个，内存最大为 32 GB，用户数最多为 15 个，远程桌面连接限制为 20 个，该版本仅提供给 OEM 厂商，提供通用服务器功能但不支持虚拟化。

2. 精华版

精华版（Essentials）是适合小型企业及部门级应用的版本，所支持的处理器芯片不超过 2 个，内存最大为 64 GB，用户数最多为 25 个，远程桌面连接限制为 250 个，可以支持一个虚拟机或一个物理服务器，但两者不可以同时使用。精华版与标准版和数据中心版两个版本产品功能相同，但部分功能受限。

3．标准版

标准版（Standard）是 Windows Server 2012 R2 的"旗舰版"，可以用于构建企业级云服务器。该版本能够充分满足企业组网要求，既可作为多用途服务器，又可作为专门服务器，所支持的处理器芯片不超过 64 个，内存最大为 4 TB，用户数不受限制，但是虚拟权限有限，最多仅支持 2 个虚拟机。

4．数据中心版

数据中心版（Datacenter）是最高级的 Windows Server 2012 R2 版本，最大的特色是虚拟化权限无限，可支持的虚拟机数量不受限制，适合高度虚拟化的企业环境。其与标准版的差别只有授权，特别是虚拟机实例授权。

表 1-1　Windows Server 2012 R2 各版本授权及硬件对比

产品规格	基础版 （Foundation）	精华版 （Essentials）	标准版 （Standard）	数据中心版 （Datacenter）
散布方式	OEM	零售、大量授权、OEM	零售、大量授权、OEM	大量授权、OEM
授权模式	服务器	服务器	每对 CPU+CAL	每对 CPU+CAL
处理器芯片数量限制	1	2	64	64
内存限制	32 GB	64 GB	4 TB	4 TB

表 1-2　Windows Server 2012 R2 各版本用户、虚拟化及授权对比

产品规格	基础版 （Foundation）	精华版 （Essentials）	标准版 （Standard）	数据中心版 （Datacenter）
用户上限	15	25	不限	不限
文件服务限制	1 个独立的分布式文件系统根节点	1 个独立的分布式文件系统根节点	不限	不限
网络策略与访问服务限制	50 个 RRAS 连接，10 个 IAS 连接	250 个 RRAS 连接，50 个 IAS 连接，2 个 IAS 服务器组	不限	不限
远程桌面连接限制	20 个远程桌面连接	250 个远程桌面连接	不限	不限
虚拟化权限	不适用	一个虚拟机或一个物理服务器，但不可以同时使用	2 个虚拟机	不限
Hyper-V	否	否	是	是

表 1-3 Windows Server 2012 R2 各版本服务对比

产品规格	基础版 （Foundation）	精华版 （Essentials）	标准版 （Standard）	数据中心版 （Datacenter）
DHCP 服务	是	是	是	是
DNS 服务	是	是	是	是
传真服务	是	是	是	是
UDDI 服务	是	是	是	是
打印与文档服务	是	是	是	是
Web 服务（IIS）	是	是	是	是
Windows 部署服务（WDS）	是	是	是	是
Windows 服务器更新服务（WSUS）	是	是	是	是
活动目录轻量目录服务	是	是	是	是
活动目录权利管理服务	是	是	是	是
应用程序服务器角色	是	是	是	是
服务器管理	是	是	是	是
Windows PowerShell	是	是	是	是
活动目录域服务	必须作为域或森林的根节点	必须作为域或森林的根节点	是	是
活动目录证书服务	只有证书授权	只有证书授权	是	是
活动目录联邦服务	是	否	是	是
服务器内核模式（无图形界面）	否	否	是	是

1.2.3　Windows Server 2012 R2 的角色和技术

1．Active Directory 域服务

Active Directory 域服务（Active Directory Domain Services）提供分布式数据库，用于存储和管理网络资源、数据信息。通过使用此项服务，可以为用户和资源管理创建可扩展、安全、可管理的基础架构，并为启用目录的应用程序提供支持。管理员可以使用该服务，将网络元素组织到分层包含结构中。

2．应用服务器

应用服务器（Application Server）提供了一个集成环境，用于部署和运行基于服务器的自定义业务应用程序。常用的 Internet 信息服务、Microsoft .NET Framework 3.0、消息队列、COM＋、分布式事务等都需要利用应用服务器进行部署。

3．故障转移群集

故障转移群集（Failover Clustering）是一组独立的计算机，它们协同工作以提高群集角色的可用性和可伸缩性。群集服务器（称为节点）通过物理电缆和软件连接，如果一个或多个群集节点发生故障，则其他节点开始提供服务（称为故障转移的过程）。此外，服务器还会主动监视群集角色，以验证它们是否正常工作，如果它们不起作用，则会重新启动它们或将其移动到另一个节点。

4．文件和存储服务

文件和存储服务（File and Storage Services）可帮助管理员设置和管理一个或多个文件服务器，这些服务器提供网络上的中心位置，管理员可以在其中存储文件并与其他用户共享文件。

5．Hyper-V

Hyper-V 角色使管理员可以使用 Windows Server 中内置的虚拟化技术来创建和管理虚拟化计算环境。安装 Hyper-V 角色时，会同时安装所需的组件，并可选择安装管理工具。所需组件包括 Windows 虚拟机管理程序、Hyper-V 虚拟机管理服务、虚拟化 WMI 提供程序以及其他虚拟化组件，如虚拟机总线（VMBus）、虚拟化服务提供程序（VSP）、虚拟基础架构驱动程序（VID）等。

6．网络负载平衡

网络负载平衡（Network Load Balancing）功能使用 TCP/IP 在多个服务器之间分配流量。利用网络负载平衡，可将两台或多台计算机组合到一个虚拟集群中，为 Web 服务器和其他关键任务服务器提供可靠性和其他性能。

7．网络策略和访问服务

网络策略和访问服务（Network Policy and Access Services）包括网络策略服务器（NPS）、健康注册机构（HRA）和主机凭据授权协议（HCAP）的特定角色服务，可提供的网络连接解决方案包括网络访问保护（NAP）、802.1x 身份验证的有线和无线访问、使用 RADIUS 服务器和代理进行中央网络策略管理。

8. 打印和文档服务

打印和文档服务可以集中打印服务器和网络打印机任务。使用此角色，管理员还可以从网络扫描仪接收扫描的文档，并将文档路由到共享网络资源、Windows SharePoint Services 站点或电子邮件地址。

9. Web 服务器

Web 服务器角色提供了一个安全、易于管理、模块化和可扩展的平台，可以可靠地托管网站、服务和应用程序。Windows Server 2012 R2 配置的是 IIS 8，IIS 8 是一个统一的 Web 平台，集成了 IIS、ASP.NET、FTP、PHP 和 Windows 通信开发平台（Windows Communication Foundation，WCF）。

10. 安全和保护

Windows Server 2012 R2 提供了更完善的安全和保护服务，具体包括以下技术手段。

（1）访问控制，针对不同用户进行授权，确定经过身份验证的用户是否具有访问资源的正确权限。

（2）AppLocker，可帮助管理员控制用户可以运行的应用程序和文件，具体包括可执行文件、脚本、Windows Installer 文件、动态链接库（DLL）、打包应用程序和打包的应用程序安装程序。

（3）BitLocker，驱动器加密，管理员可以使用该技术，加密存储在操作系统卷上的所有数据，以及运行支持 Windows 版本计算机的已配置数据卷。

（4）Credential Locker，是一种在本地计算机上创建和维护安全存储区域的服务，用于存储用户从网站和 Windows 应用程序保存的用户名和密码。

（5）Exchange ActiveSync（EAS）策略引擎，使应用程序能够在台式机、笔记本电脑和平板电脑上应用 EAS 策略，以保护从云同步的数据，如来自云的数据。

（6）Kerberos，是一种身份验证协议，用于验证用户或主机的身份。

（7）NTLM 身份验证协议，该机制向服务器或域控制器证明用户知道与账户关联的密码。

（8）软件限制策略，基于组策略的功能，用于标识域中计算机上运行的软件程序，并控制这些程序的运行能力。

11. Windows 部署服务

Windows 部署服务使管理员可以通过网络部署 Windows 操作系统，而无须从 DVD 安装每个操作系统。

12. Windows 系统资源管理器

通过 Windows 系统资源管理器，管理员可以使用标准或自定义资源策略管理服务器、处理器和内存的使用情况。管理资源有助于确保单个服务器提供的所有服务在资源充足时同时运行，在资源竞争时，始终可供高优先级应用程序、服务或用户使用。

1.2.4　服务器版操作系统的选用

服务器是企业信息化的必备工具，操作系统又是服务器正常运行的基础，因此如何选

Windows Server 2012 网络服务器配置与管理

择服务器的操作系统，让其安全、稳定、高效、节约企业成本、达到最佳效果是非常重要的。在服务器版操作系统的选择上，可遵循以下几个原则。

1. 按技术能力选择

要针对企业自身技术工程人员的技术能力，选择合适的服务器操作系统。如在管理员没有 Linux 操作系统知识的情况下上线 Linux 服务器操作系统，将存在巨大的安全隐患。因此要紧密结合系统管理员的知识结构，根据时间规划选择合适的服务器操作系统。相较于其他服务器操作系统，Windows Server 2012 R2 更容易掌握。

2. 按需选择

企业的信息化规模不同，需求也不一样。要根据企业环境的自身需求，合理选择硬件资源和软件资源。例如，某个小型企业需要利用 IIS 发布网站，网站主要面向企业内部员工进行信息发布。通过分析该企业的需求发现，该企业不需要虚拟化服务，且日均在线人数并不多，对服务器的硬件要求不高，就可以考虑采购配备 Windows Server 2012 R2 Foundation 版本的服务器。

3. 高安全性及稳定性

服务器操作系统是服务器正常运行、提供稳定服务的关键，必须具备健壮、可靠、高容错等特性，可提供全年无间断服务。在服务器操作系统版本的选择上，要选择产品成熟、应用广泛、技术支持稳定的产品。Windows Server 2012 R2 具备这样的特质。

1.3　Windows Server 2012 R2 安装与配置

1.3.1　Windows Server 的安装、升级与迁移

Windows Server 操作系统的部署可以通过安装、升级与迁移等方式进行，在不同的环境中要采用不同的技术手段。

（1）安装，是在现有的硬件基础上获得新的操作系统，这会将原有硬件中的操作系统完全抹除，不保留原有操作系统的数据、配置。

（2）升级，是从现有的操作系统版本更新到更高版本，并将操作系统保留在相同的硬件上，从而保持服务器的设置、角色和数据等的完整性。例如，如果用户的服务器运行的是 Windows Server 2012，则可以将其升级到 Windows Server 2012 R2。

（3）迁移，将现有服务器的角色或功能从运行 Windows Server 的源计算机迁移到另一台运行 Windows Server 的目标计算机。

1.3.2　Windows Server 2012 R2 的安装与配置

实例场景：A 公司计划部署一套由 ASP.NET 开发的网站，需要管理员新部署一套服务器，用以发布网站。

网络拓扑：图 1-5 所示为该企业的网络结构，其中站点服务器需要进行部署，通过交换机与其他的客户机进行连接。

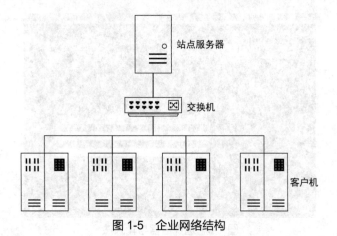

图 1-5　企业网络结构

解决办法：网站是由 ASP.NET 进行开发的，Windows Server 2012 R2 能出色地管理基于 ASP.NET 开发的网站。系统的安装和初始配置过程如下。

第一步：查看服务器的硬件配置。

每个版本的服务器版操作系统都有不同的硬件配置要求，需要管理员根据服务器的工作手册等查询该服务器的硬件配置，也可以通过软件（如"CPU-Z"等）进行查看。

（1）在服务器手册中查看服务器的配置，此处以 X3250M6 服务器的标准配置为例，配置说明如表 1-4 所示。

表 1-4　X3250M6 服务器配置说明

产品信息	
联想 IBM X3250M6 服务器	
型号	标准配置
结构	1U 机架式服务器
CPU	至强 E3-1220V6 4 核 3.0G 8M 缓存 72W 功耗
CPU 个数	1 个
内存描述	8 G DDR4 2133 MHz（内存容量可扩充至 64 GB）

（2）根据当前服务器配置以及本实例的需求，选择合适的 Windows Server 2012 R2 版本，本实例选择 Standard 版本进行安装。

第二步：从光驱启动，安装操作系统。

（1）将服务器设置为从光驱启动，并将 Windows Server 2012 R2 Standard 安装光盘放入光驱。

（2）当服务器从光驱启动后，出现 "Press any key to boot from CD or DVD……（按任意键以从 CD 或 DVD 启动……）" 的提示信息，按 "Enter" 键，进入系统安装程序。

（3）选择安装语言与输入法，如图 1-6 所示，并单击"下一步"按钮。

（4）单击"现在安装"按钮，如图 1-7 所示。

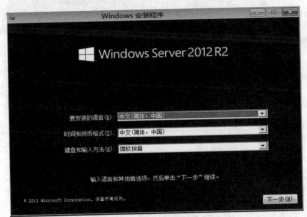

图 1-6　选择语言与输入法

图 1-7　开始安装 Windows Server 2012 R2 操作系统

（5）选择"Windows Server 2012 R2 Standard（带有 GUI 的服务器）"选项，单击"下一步"按钮，如图 1-8 所示，此处如果选择"Windows Server 2012 R2 Standard（服务器核心安装）"选项，操作系统将不具备图形界面。

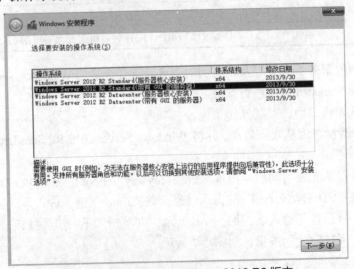

图 1-8　选择 Windows Server 2012 R2 版本

（6）勾选"我接受许可条款"复选框，如图 1-9 所示，单击"下一步"按钮。

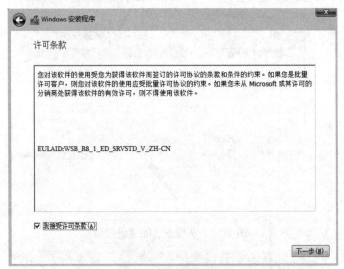

图 1-9　勾选"我接受许可条款"复选框

（7）单击"自定义：仅安装 Windows（高级）"链接，进行全新的系统安装，如图 1-10 所示。

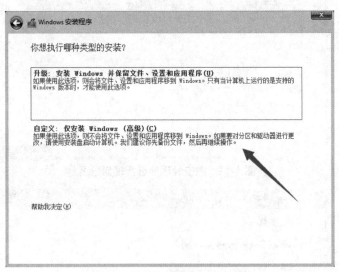

图 1-10　进行全新的系统安装

（8）选择系统要安装的位置，本例中服务器仅有一个硬盘，选择该硬盘，并单击"新建"按钮，对默认大小不进行修改，单击"应用"按钮，将硬盘容量 60 G 划分为 1 个分区，如图 1-11 所示。

（9）对硬盘进行分区，当分区完成后，会自动生成一个系统分区，该分区由操作系统管理，如图 1-12 所示。

（10）选择"驱动器 0 分区 2"选项，单击"下一步"按钮，进入正式的系统安装，如图 1-13 所示，直至系统安装完成，并重启。

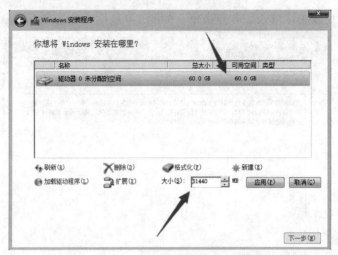

图 1-11　选择安装的硬盘位置

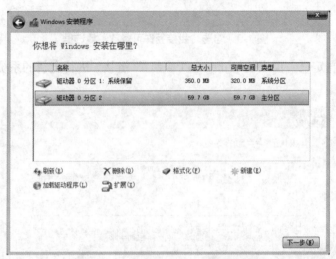

图 1-12　由安装程序进行硬盘分区

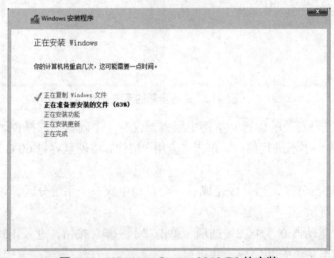

图 1-13　Windows Server 2012 R2 的安装

（11）重启后，首次进入系统，需进行密码设置，要遵循 Windows Server 2012 R2 的密码规则，如图 1-14 所示，将密码设置为"Szpt123"。

（12）按"Ctrl+Alt+Delete"组合键后，输入密码，可看到安装好的系统桌面，如图 1-15 所示。

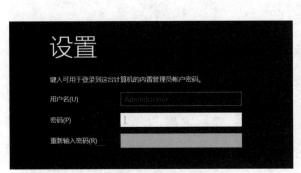

图 1-14 设置系统管理员密码

图 1-15 系统启动后默认登录界面

第三步：为新装系统配置基本配置。

（1）进入新安装的 Windows Server 2012 R2 系统后，会自动打开"服务器管理器"窗口。用户也可以双击桌面工具栏左下角第二个图标，打开"服务器管理器"窗口，单击"本地服务器"按钮，查看当前服务器的属性，如图 1-16 所示。

图 1-16 本地服务器的属性

（2）单击当前的计算机名"WIN-JJRDLN1HQEV"链接，弹出"系统属性"对话框，单击"更改"按钮，如图 1-17 所示。

（3）在弹出的"计算机名/域更改"对话框中，修改"计算机名"为"Web-Server"，如图 1-18 所示，并单击"确定"按钮。

（4）回到"本地服务器"的属性窗口，双击"Ethernet0"的内容链接，弹出"网络连接"窗口，如图 1-19 所示。

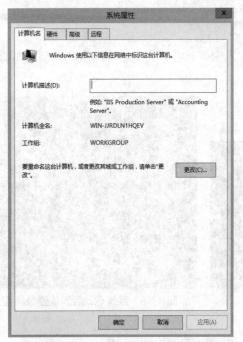

图 1-17　"系统属性"对话框

图 1-18　修改计算机名

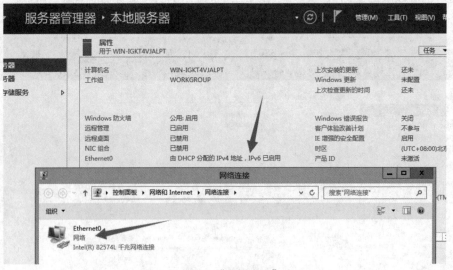

图 1-19　弹出"网络连接"窗口

（5）双击"Ethernet0"图标，打开"Ethernet0 状态"对话框，如图 1-20 所示。

（6）单击"属性"按钮→双击"Internet 协议版本 4（TCP/IPv4）"选项→选择"使用下面的 IP 地址"单选按钮，输入"IP 地址"为"192.168.1.1"，"子网掩码"为"255.255.255.0"，"默认网关"为空，然后单击"确定"按钮，如图 1-21 所示。

（7）重启当前服务器，让刚修改的配置生效，再次进入系统，在"服务器管理器"窗口中查看"本地服务器"的属性，如图 1-22 所示。

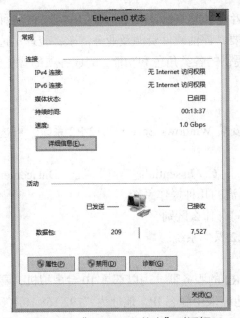

图 1-20 "Ethernet0 状态"对话框

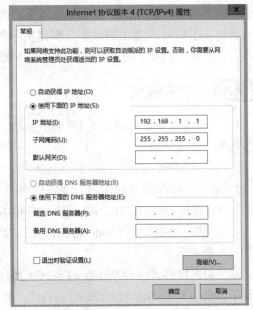

图 1-21 "Internet 协议版本 4
（TCP/IPv4）属性"对话框

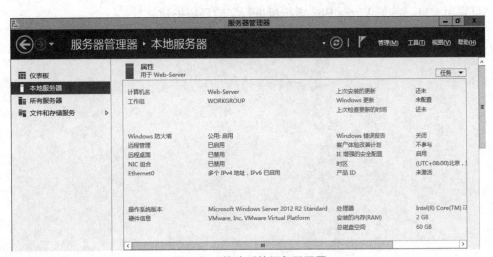

图 1-22 修改后的服务器配置

1.4 本章小结

本章介绍了操作系统的概念和分类，详细介绍了 Windows Server 2012 R2 发行的版本及版本之间的区别。

Windows Server 2012 R2 是微软于 2013 年 10 月发布的内核版本号为 NT 6.3 的服务器版操作系统，仅支持 64 位计算机硬件。

Windows Server 2012 R2 功能涵盖服务器虚拟化、存储、软件定义网络、服务器管理和自动化、Web 和应用程序平台、访问和信息保护、虚拟桌面基础结构等，但系统要求相对较低，最低配置仅要求一个 1.4 GHz 主频的 64 位处理器、512 MB 内存空间、32 GB 硬盘空间，几乎可以安装在任何现代服务器上。读者应掌握 Windows Server 2012 R2 的各种功能和特性，了解 4 种版本的区别，根据实际需要，评估硬件资源及业务需求，合理地选择版本，并结合后面章节的内容，充分利用系统提供的各类角色和功能，完成各项部署任务。

1.5　章节练习

1．某企业希望在内存为 4 TB 的服务器上安装 Windows Server 2012 R2 系统，可选用哪些版本？（选两项）

A．Foundation　　　　B．Standard　　　　C．Essentials　　　　D．Datacenter

2．请简述操作系统的作用，并列举当前主流的几种操作系统。

3．Windows Server 2012 R2 发布的各版本间有什么区别？

4．实战：动手安装 Windows Server 2012 R2 操作系统。

（1）企业需求

A 公司希望部署一台 Windows Server 2012 R2 的服务器，用以部署 10 台虚拟机，要求将服务器命名为 "Virtual Machine Server"，IP 地址采用静态 IP，地址为 "192.168.10.100"，子网掩码为 "255.255.255.0"，网关为 "192.168.1.254"。

（2）实验环境

可采用 VMware 或 VirtualBox 虚拟机进行实验环境搭建。

第 2 章 DHCP 服务

本章要点

- 理解 DHCP 技术核心原理。
- 掌握 DHCP 服务器配置方法。

在现代企业中，局域网的 IP 地址管理工作是所有网络服务的基础。现实的工作环境中，客户对 IP 地址的需要往往是随意的、不确定的，需要网络管理员随时提供网络接入服务。此外，局域网中的客户端数量众多，采用手工方式管理 IP 地址是不现实的，必须采用灵活的管理机制，DHCP 的出现完美地解决了这一问题。

本章首先介绍了 DHCP 的功能以及工作原理。然后，通过 DHCP 服务器配置实例讲述在单一局域网中如何配置 DHCP 服务器，如何通过 DHCP 服务器对该网络中所有的客户端进行 IP 地址的分配和回收。接着，通过 DHCP 中继代理实例，介绍在多个局域网环境下，如何利用 DHCP 中继，提供跨局域网的 DHCP 管理服务。最后，介绍了 DHCP 服务器冗余以及数据库的维护工作。

2.1　DHCP 概述

2.1.1　DHCP 的概念

动态客户端配置协议（Dynamic Host Configuration Protocol，DHCP）是一个局域网的网络协议，使用 UDP 工作，其主要作用是集中地管理、分配 IP 地址，使网络环境中的主机动态地获得 IP 地址、网关地址、DNS 服务器地址等信息，并能够提升 IP 地址的使用率。

DHCP 采用 C/S 模型，主机地址的动态分配任务由网络主机驱动。当 DHCP 服务器接收到来自网络主机申请地址的信息时，才会向网络主机发送相关的地址配置等信息，以实现网络主机地址信息的动态配置。DHCP 具有以下功能。

（1）保证任何 IP 地址在同一时刻只能由一台 DHCP 客户端使用。

（2）DHCP 可以给用户分配永久固定的 IP 地址。

（3）DHCP 可以同用其他方法获得 IP 地址的主机共存（如手工配置 IP 地址的主机）。

（4）DHCP 服务器向现有的 BOOTP 客户端提供服务。

2.1.2　DHCP 的应用

在一个小型企业中，有数百台计算机，每台计算机要获取网络服务，必须分配 IP 地址。面对众多的计算机，传统的 IP 地址分配方式是逐台手工配置，这种方式有 3 个缺点。

（1）网络管理员的工作量巨大。

（2）人工方式容易出现重复的 IP 配置，造成 IP 地址冲突，影响整个网络运行。

（3）IP 地址的利用率较低，当局域网中部分计算机闲置时，无法重复利用该计算机的 IP 地址。

DHCP 技术可以为客户端自动分配 IP 地址，它在分配地址的同时，将地址分配记录保存到缓存中，从而避免 IP 的重复分配。过期地址回收机制增强了 IP 地址的复用性，对于维护大规模的局域网客户端有极大的便利性。

2.1.3　DHCP 核心技术原理

DHCP 的核心技术主要包括客户端如何获取 IP 地址以及 DHCP 如何管理 IP 地址的租约两个方面。

（1）通过 DHCP 技术获取 IP 地址的方式。

图 2-1 所示为通过 DHCP 技术获取 IP 地址的方式，其工作原理如下。

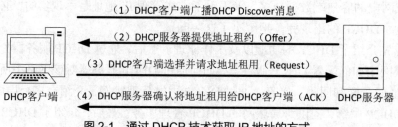

图 2-1　通过 DHCP 技术获取 IP 地址的方式

① 由于 DHCP 客户端（以下称"客户端"）并不知道网络中 DHCP 服务器（以下称"服务器"）的地址以及可能存在的多个服务器，所以客户端会以广播方式发送 Discover 报文来发现服务器。

② 服务器收到 Discover 报文后，选取一个未分配的 IP 地址，以单播方式向客户端发送 Offer 报文。Offer 报文包含分配给客户端的 IP 地址和其他配置信息。如果存在多个服务器，则每个服务器都会进行响应。

③ 客户端收到 Offer 报文（如果有多个服务器向客户端发送 Offer 报文，客户端会选择收到的第一个）后，会以广播方式发送 Request 报文。因为可能存在多个服务器，以广播方式发送的 Request 报文，所有服务器均可收到。Request 报文的作用有 3 个，分别如下。

➤ 客户端请求确认它获取的 IP 地址是否可用。

➤ 网络中可能存在多个服务器，每个服务器都提供 Offer 报文（分配的 IP 地址），客户端要告诉服务器它决定使用哪个 IP 地址。没有"中标"的 IP 地址将从其他服务器中释放，以便提供给其他客户端使用。

➤ 延长所获取 IP 地址的租期。

④ 收到客户端 Request 报文后,提供该 IP 地址的服务器会以单播方式向客户端发送一个 ACK 确认报文,确认客户端的 IP 地址可以使用。同时其他没有"中标"的服务器收到此 Request 报文后,会将分配的 IP 地址释放,重新放回地址池中给其他客户端使用。

(2)DHCP 地址租期

因为 DHCP 地址池的 IP 数量是有限的,所以通过 DHCP 服务分配的 IP 地址都会约定一个租期,在租期到达后如果客户端没有续租则回收此 IP 地址,如图 2-2 所示。

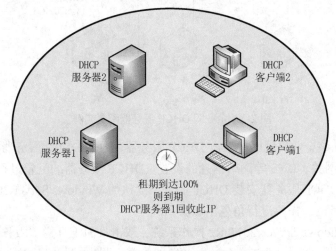

图 2-2　DHCP 地址租期的管理规则

DHCP 地址租期的管理规则如下。

➤ 当客户端的租期达到 50%时,客户端会向服务器发送 Request 报文申请延长 IP 地址的租期。如果客户端收到服务器返回的 ACK 确认报文,则更新租期。

➤ 当客户端的租期达到 87.5%,仍然没有收到服务器返回的 ACK 确认报文时,客户端将通过广播 Discover 报文重新申请 IP 地址。

那么问题来了,DHCP 租期设置为多长时间最为合适?

租期并不是越短越好,更不是越长越好,而是要根据实际应用来确定租期的设置。几个经典的应用实例如下。

(1)企业办公网的用户相对固定,租期可以设置得比较长,如 3~5 天。这样的好处是每个用户使用的 IP 地址比较固定,方便记忆。并且租期设置比较长可以减少地址续租产生的广播流量,节省网络资源。

(2)咖啡厅、会议室等用户流动性很大的网络,租期可以设置得比较短,如 1~2 小时。虽然租期设置短会产生大量的地址续租广播流量,但是这样可以在用户不使用网络时,更快地回收地址以便于分配给其他用户,保障地址池有足够的资源。

2.2　DHCP 服务器配置实例

实例场景:A 公司拥有多台计算机,需要管理员统一进行网络接入的部署,分配 IP 地址、网关及 DNS 设置等。由于局域网中的计算机过多,手工配置工作量巨大,该如何处理?

网络拓扑：图 2-3 所示为企业网的网络结构，其中客户端 1、客户端 2、客户端 3 目前均没有进行 IP 地址的分配。要求将他们的 IP 地址范围设置为 192.168.1.2 ~ 192.168.1.100，默认网关为 192.168.1.254。

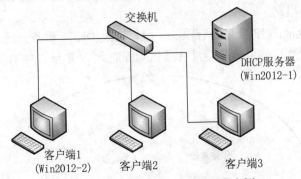

图 2-3　企业网 DHCP 服务器配置实例

解决办法：在该企业局域网中架设 DHCP 服务器，通过 DHCP 服务器完成对局域网中主机的 IP 地址、网关、DNS 等网络信息的设置。DHCP 服务器的配置过程如下。

第一步：为 DHCP 服务器安装 DHCP 服务，默认的 Windows Server 2012 R2 系统是没有开启 DHCP 服务的，需要进行角色添加。

（1）进入 Windows Server 2012 R2 操作系统，双击桌面工具栏"服务器管理"图标→单击"本地服务器"选项→双击"Ethernet0"的内容，弹出"网络连接"窗口→双击"以太网"图标→在"以太网状态"对话框中单击"属性"按钮→在"以太网卡属性"对话框中双击"Internet 协议版本 4（TCP/IPv4）"选项，在"Internet 协议版本 4（TCP/IPv4）属性"对话框中，设置"IP 地址"为"192.168.1.1"，"子网掩码"为"255.255.255.0"，"默认网关"为"192.168.1.254"，单击"确定"按钮，完成对 DHCP 服务器的静态 IP 设置，如图 2-4 所示。

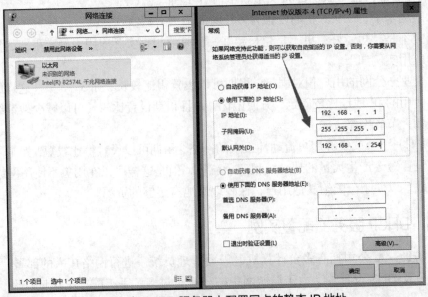

图 2-4　在 DHCP 服务器上配置网卡的静态 IP 地址

（2）打开"服务器管理器"窗口，单击右上角的"管理"选项，在下拉列表中选择"添加角色和功能"选项，如图 2-5 所示。

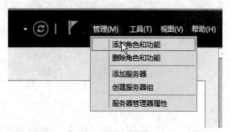

（3）弹出"添加角色和功能向导"窗口，在窗口中采用默认选项，持续单击"下一步"按钮，直至出现"服务器角色"界面，勾选"DHCP 服务器"复选框，在弹出的"添加角色和功能向导"对话框中，单击"添加功能"按钮，如图 2-6 所示。

图 2-5　单击"添加角色和功能"选项

图 2-6　"服务器角色"设置

（4）持续单击"下一步"按钮直至出现"确认"界面，单击"安装"按钮，如图 2-7 所示。

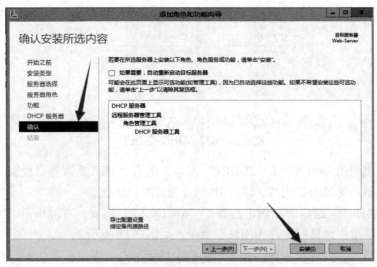

图 2-7　开始安装 DHCP 服务

（5）完成安装，单击"关闭"按钮，如图 2-8 所示。

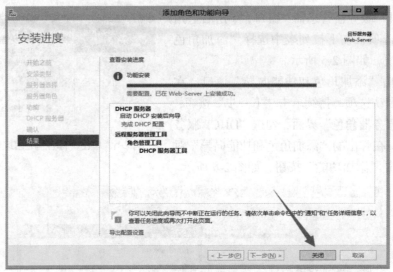

图 2-8 完成安装

（6）安装完成后，打开"服务器管理器"窗口，单击右上角的"工具"选项，在下拉列表中选择"DHCP"选项，如图 2-9 所示。

图 2-9 选择"DHCP"选项

（7）如果出现图 2-10 所示的"DHCP"窗口，则表示 DHCP 服务已经安装完毕。

第二步：创建简单的作用域，进行 IP 地址的分配和管理。

（1）在"DHCP"窗口的左侧单击展开"win2012-1"列表，右键单击"IPv4"选项，在弹出的快捷菜单中选择"新建作用域"命令，如图 2-11 所示。

（2）在弹出的"新建作用域向导"对话框中持续单击"下一步"按钮，直至出现"作用域名称"界面，输入 DHCP 作用域名称（自主设置），描述可省略，完成后单击"下一步"按钮，如图 2-12 所示。

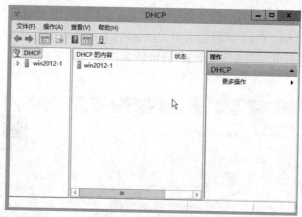

图 2-10　"DHCP"窗口

图 2-11　对 IPv4 地址新建作用域

图 2-12　设置作用域名称

（3）在"IP 地址范围"界面中设置"起始 IP 地址""结束 IP 地址""长度""子网掩码"。此配置实例采用 192.168.1.0/24 网段，由于 192.168.1.1 是 DHCP 服务器的 IP 地址，不能分配，所以 2 至 100 表示可以分配 99 个 IP 地址给客户端，完成后单击"下一步"按钮，如图 2-13 所示。

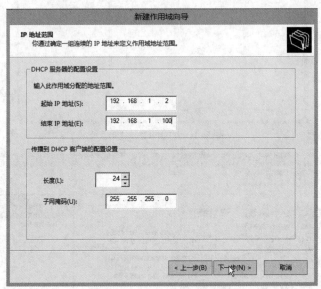

图 2-13　设置 IP 地址范围

（4）在"添加排除和延迟"界面中可以设置保留地址，即不分配出去的 IP 地址。可以根据网络的实际需要进行设置，具体有以下几种方法。

➤ 在"起始 IP 地址""结束 IP 地址"中输入相同的地址，表示这个地址保留，不分配给客户端。

➤ 在"起始 IP 地址""结束 IP 地址"中输入一个范围段，表示这个范围段的地址保留，不分配给客户端。

➤ 不做任何设置，则按照上一步设置的地址范围进行地址分配。

本实例中，不做任何设置，单击"下一步"按钮，如图 2-14 所示。

（5）在"租用期限"界面中，可以根据实际应用的需要确定租期时间的长短，此配置实例设置租用期限为"8 天"，完成后单击"下一步"按钮，如图 2-15 所示。

（6）在"配置 DHCP 选项"界面中，选择"是，我想现在配置这些选项"单选按钮表示继续配置网关、DNS 服务器和 WINS 服务；选择"否，我想稍后配置这些选项"单选按钮则表示作用域配置完成后，再手工配置以上服务。此实例中选择"是，我想现在配置这些选项"单选按钮，完成后单击 "下一步"按钮，如图 2-16 所示。

（7）在"路由器（默认网关）"界面中，输入 DHCP 服务分配 IP 地址时提供的默认网关地址，此实例使用"192.168.1.254"作为默认网关地址，完成后单击"下一步"按钮，如图 2-17 所示。

默认网关的作用是，当客户端不知道如何转发数据（访问非本网段目的地）时，按照默认网关指定的地址发送数据包。

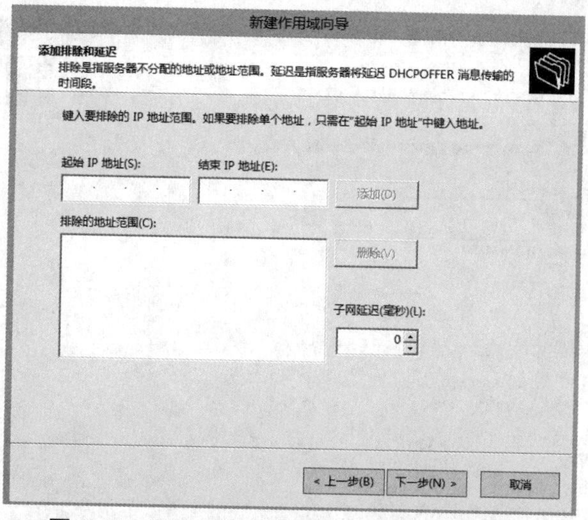

图 2-14　设置 IP 地址池的“排除和延迟”属性

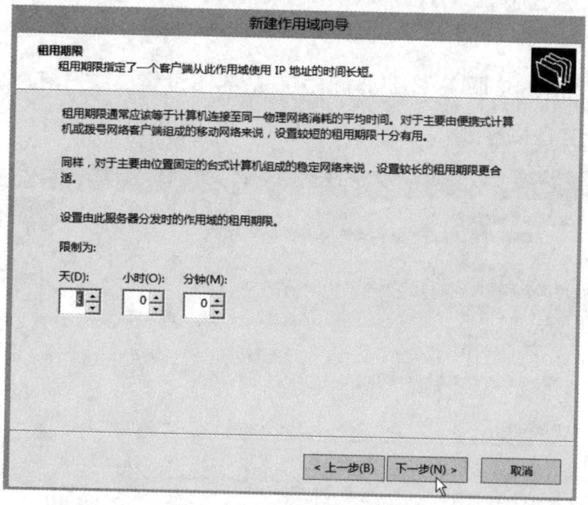

图 2-15　设置租用期限

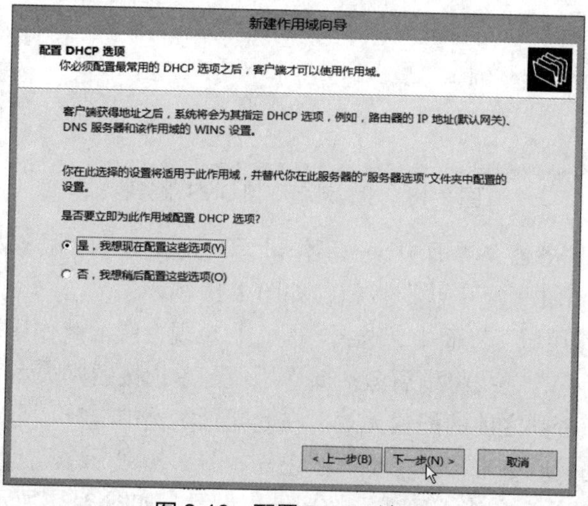

图 2-16　配置 DHCP 选项

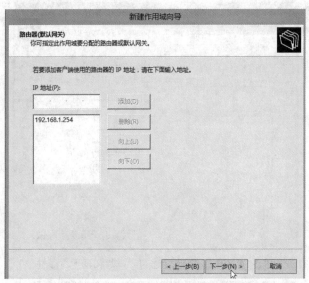

图 2-17　设置路由器（默认网关）

（8）在"域名称和 DNS 服务器"界面中，先不作设置，关于 DNS 服务器的配置将在第 4 章详细讲解，这里直接单击"下一步"按钮，如图 2-18 所示。

图 2-18　设置域名称和 DNS 服务器

（9）在"WINS 服务器"界面中，先不作设置，关于 WINS 服务器的配置将在第 3 章详细讲解，这里直接单击"下一步"按钮，如图 2-19 所示。

（10）在"激活作用域"界面中，选择"是，我想现在激活此作用域"单选按钮表示立即激活作用域；选择"否，我将稍后激活此作用域"单选按钮则表示完成配置后管理员需要手工激活作用域，否则之前的配置无效。在此配置实例中选择"是，我想现在激活此作用域"单选按钮，完成后单击"下一步"按钮，如图 2-20 所示。

（11）作用域激活后，单击"完成"按钮结束设置，如图 2-21 所示。

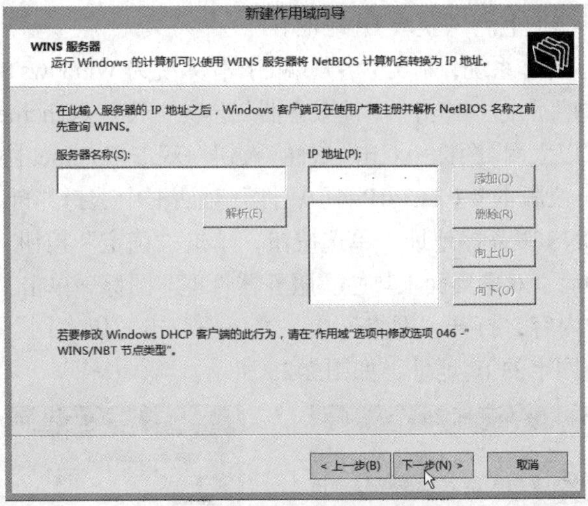

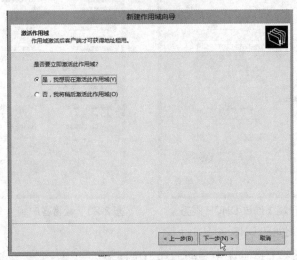

图 2-19　设置 WINS 服务器

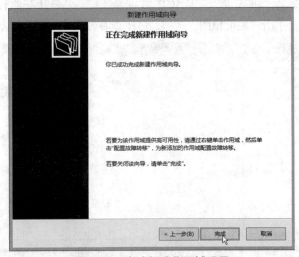

图 2-20　激活作用域

图 2-21　完成新建作用域设置

第三步：在客户端 1 上测试获取 IP 地址。

（1）进入客户端 1 操作系统，本实例客户端的操作系统为 Windows Server 2012 R2，双击桌面工具栏"服务器管理"图标→单击"本地服务器"选项→双击"Ethernet0"的内容，打开"网络连接"窗口→双击"以太网"图标→双击"属性"按钮→双击"Internet 协议版本 4（TCP/IPv4）"选项，在"Internet 协议版本 4（TCP/IPv4）属性"对话框中选择"自动获得 IP 地址"单选按钮和"自动获得 DNS 服务器地址"单选按钮，单击"确定"按钮，如图 2-22 所示。

（2）等待 1 分钟后，双击桌面工具栏"服务器管理"图标→单击"本地服务器"选项→双击"Ethernet0"的内容，打开"网络连接"窗口→双击"以太网"图标→单击"详细信息"按钮，查看当前网卡的 IP 地址，如图 2-23 所示。

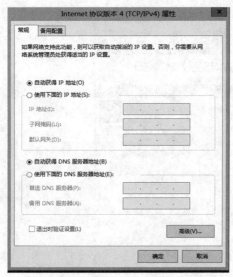

图 2-22　设置客户端 1 通过 DHCP 服务自动获取 IP 地址和 DNS 信息

图 2-23　查看客户端 1 是否成功获取 IP 地址

第四步：在服务器上检查作用域的地址租用情况。

在 DHCP 服务器上，再次进入"DHCP 管理器"，依次展开左侧栏中"win2012-1"→"IPv4"→"作用域"，单击"地址租用"选项，可以查看分配出去的地址状况，如图 2-24 所示。

图 2-24　查看 DHCP 服务器地址租用情况

2.3 DHCP 中继代理实例

2.3.1 DHCP 中继代理的应用

在一些企业的网络规划中，可能存在客户端与服务器划分在不同子网中的情况。根据前面的学习，客户端是以广播的方式发送 Discover 报文申请 IP 地址的，然而由于客户端与服务器不在同一子网，广播域是隔离的，这样就导致了客户端发送的 Discover 报文无法送达服务器，也就无法成功获取 IP 地址。

DHCP 中继代理用于侦听来自客户端的 DHCP 广播报文，然后将收到的广播报文以单播形式复制一份并发给其他子网的服务器，如图 2-25 所示。

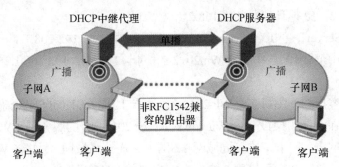

图 2-25 DHCP 中继代理的作用

2.3.2 DHCP 中继代理的工作原理

图 2-26 所示为 DHCP 中继代理的工作过程。

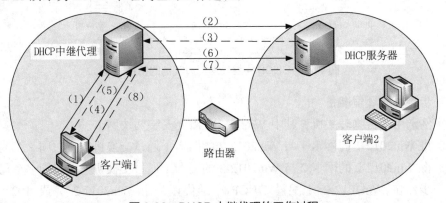

图 2-26 DHCP 中继代理的工作过程

（1）客户端 1 向本局域网广播 Discover 报文寻找 DHCP 服务器。

（2）DHCP 中继代理把接收到的 Discover 报文转发给另一个局域网中的 DHCP 服务器。

（3）DHCP 服务器收到 Discover 报文后，向 DHCP 中继代理发送 Offer 报文。

（4）DHCP 中继代理收到 Offer 报文后，在本局域网广播 Offer 报文。

（5）客户端 1 收到 Offer 报文后，向本局域网广播 Request 报文。

（6）DHCP 中继代理把接收到的 Request 报文转发给另一个局域网中的 DHCP 服务器。

（7）DHCP 服务器收到 Request 报文后，向 DHCP 中继代理发送 ACK 确认报文。

（8）DHCP 中继代理收到 ACK 确认报文后，在本局域网广播 ACK 报文。

（9）客户端 1 收到 ACK 确认报文后，获取的 IP 地址即可使用。

2.3.3　DHCP 中继代理配置实例

实例场景：A 公司拥有两个局域网环境，分别是局域网 1（IP 地址段是 192.168.1.*）和局域网 2（IP 地址段是 192.168.2.*）。公司架设了一台 DHCP 服务器在局域网 1 中，管理员希望该服务器可以对整个企业的网络 IP 进行管理，包括也能对局域网 2 中的主机进行管理，但是目前局域网 2 中的客户端无法从 DHCP 服务器获取 IP 地址。

网络拓扑：图 2-27 所示为 DHCP 中继代理配置实例的拓扑环境，主机名和 IP 如下。

（1）局域网 1：IP 地址段为 192.168.1*。

（2）局域网 2：IP 地址段为 192.168.2*。

（3）DHCP Server，主机名：Win2012-1，网卡 1 的 IP：192.168.1.1。

（4）DHCP 中继代理，主机名：Win2012-2，网卡 1 的 IP：192.168.1.254，网卡 2 的 IP：192.168.2.254。

（5）DHCP 客户端，主机名：Win2012-3，网卡 1 通过 DHCP Server 获取 IP 地址。

解决方法：在企业中架设一台 Windows Server 2012 R2 的服务器（Win2012-2），向该服务器添加两块网卡，网卡 1 连接局域网 1，网卡 2 连接局域网 2，并将 Win2012-2 设置为 DHCP 中继代理，负责转发局域网 2 中所有客户端的 DHCP 请求。

图 2-27　DHCP 中继代理配置实例的拓扑环境

第一步：实验环境准备。

本实例选用 3 台物理主机，其中 Win2012-2 需要安装两块网卡。

（1）将 Win2012-1 的网卡 1 与 Win2012-2 的网卡 1 通过交换机连接在同一个局域网。

（2）将 Win2012-2 的网卡 2 与 Win2012-3 的网卡 1 通过交换机连接在同一个局域网。

第二步：在 Win2012-2 上配置 DHCP 中继代理，让 Win2012-2 完成 192.168.1*与 192.168.2.*网络间的互通。

（1）打开"服务器管理器"窗口，选择"本地服务器"选项→双击"网卡 1"的内容打开"网络连接"窗口→双击"网卡 1"图标→双击"属性"按钮→双击"Internet 协议版本 4（TCP/IPv4）"选项，设置 IP 地址为"192.168.1.1"，子网掩码为"255.255.255.0"。重复上述步骤，设置"网卡 2"的 IP 与子网掩码，最终设置结果如图 2-28 所示。

（2）打开"服务器管理器"窗口，单击右上角的"管理"选项，在下拉列表中选择"添加角色和功能"选项，打开"添加角色和功能向导"窗口，持续单击"下一步"按钮直至出现"服务器角色"界面，勾选"远程访问"复选框，单击"下一步"按钮，如图 2-29 所示。

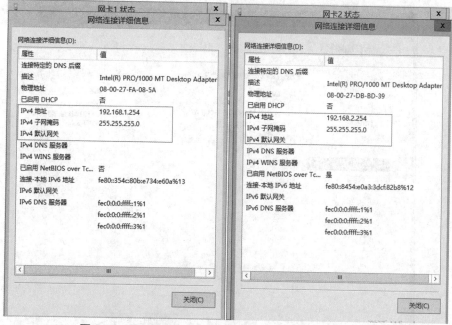

图 2-28　手工设置 Win2012-2 网卡 1 和网卡 2 的 IP 地址

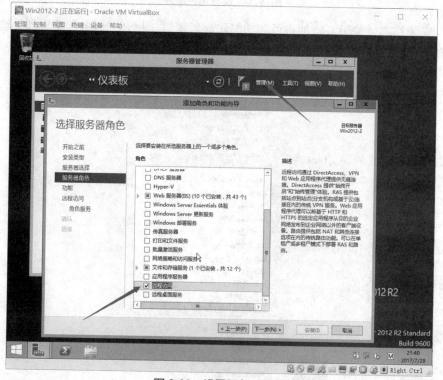

图 2-29　设置服务器角色

（3）在"角色服务"界面中勾选"路由"复选框后，此时系统默认会勾选"DirectAccess 和 VPN（RAS）"复选框，单击"下一步"按钮，保持默认选择，持续单击"下一步"按钮，直到完成安装，如图 2-30 所示。

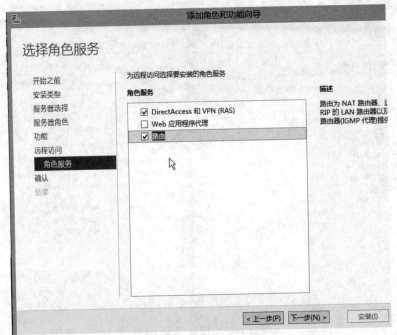

图 2-30　设置角色服务

（4）安装结束后关闭"添加角色和功能向导"窗口，打开"服务器管理器"窗口，选择"工具"选项，单击"路由和远程访问"选项，如图 2-31 所示。

图 2-31　单击"路由和远程访问"选项

（5）在弹出的"路由和远程访问"窗口中右键单击"WIN2012-2"选项，在弹出的快捷菜单中，选择"配置并启用路由和远程访问"选项，如图 2-32 所示。

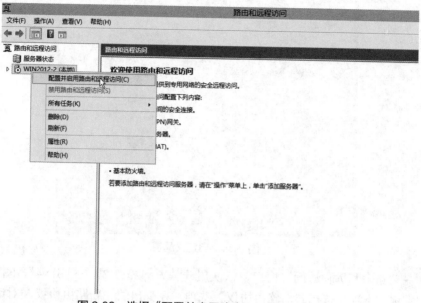

图 2-32　选择"配置并启用路由和远程访问"选项

（6）在"路由和远程访问服务器安装向导"对话框中，持续单击"下一步"按钮直至出现"配置"界面，勾选"自定义配置"单选按钮，完成后单击"下一步"按钮，如图 2-33 所示。

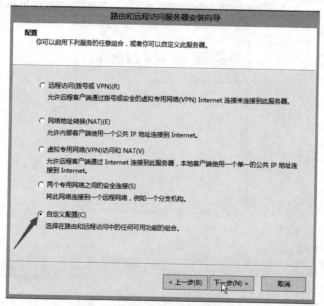

图 2-33　"路由和远程访问服务器安装向导"设置

（7）在"自定义配置"界面中，勾选"LAN 路由"复选框，然后持续单击"下一步"按钮直至完成设置，如图 2-34 所示。

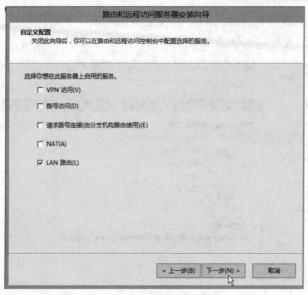

图 2-34　自定义配置

（8）在"路由和远程访问"窗口，依次展开"WIN2012-2"→"IPv4"下拉列表，右键单击"常规"选项，选择"新路由协议"选项。在弹出的"新路由协议"对话框中，单击"DHCP Relay Agent"选项，然后单击"确定"按钮，如图 2-35 所示。

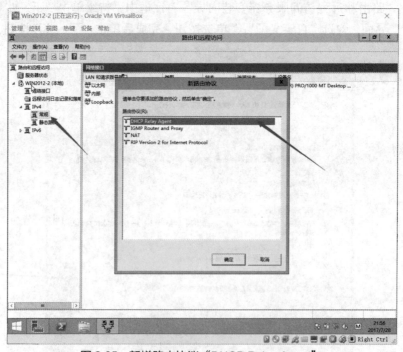

图 2-35　新增路由协议"DHCP Relay Agent"

（9）完成上一步配置后，在左侧栏的"IPv4"下拉列表中，出现了"DHCP 中继代理"选项，右键单击"DHCP 中继代理"选项，打开"DHCP Relay Agent 的新接口"对话框，单击"网卡 2"选项（连接 192.168.2.0 网段的接口）后，单击"确定"按钮，如图 2-36 所示。

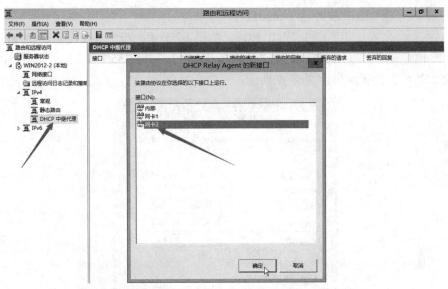

图 2-36　新增网卡 2 作为 DHCP Relay Agent 的新接口

（10）DHCP 中继代理的属性如下。

➢ 跃点：单播 DHCP 包的 TTL（Time to Live，生存期）值。

➢ 阈值：延时发送 DHCP 包的秒数，等待其他服务器响应。

当前实例不作调整，默认"跃点计数阈值"为 4，"启动阈值"也为 4 ，单击"确定"按钮，如图 2-37 所示。

（11）在"路由和远程访问"窗口中，右键单击"DHCP 中继代理"选项，在快捷菜单中选择"属性"选项，打开"DHCP 中继代理 属性"对话框，在"服务器地址"栏中输入 DHCP 服务器 Win2012-1 的地址（此实例使用 192.168.1.1），单击"添加"按钮后，单击"确定"按钮，如图 2-38 所示。

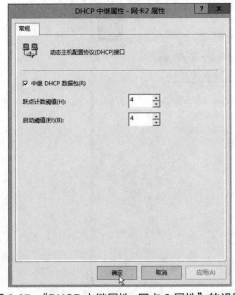

图 2-37　"DHCP 中继属性–网卡 2 属性"的设置

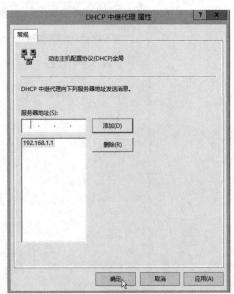

图 2-38　设置服务器地址

第三步：配置 DHCP 服务器 Win2012-1。

（1）手工设置 Win2012-1 网卡的 IP 地址，参照 2.2 节第一步中修改网卡 IP 地址的方法，设置 "IP 地址" 为 "192.168.1.1"，"子网掩码" 为 "255.255.255.0"，"默认网关" 为 "192.168.1.254"，设置结果如图 2-39 所示。

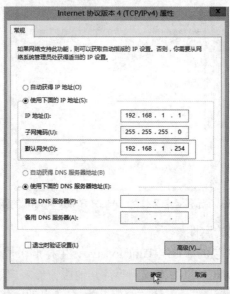

图 2-39 手工设置 Win2012-1 网卡的 IP 地址

（2）选择 "服务器管理器" 窗口→单击 "工具" 选项→单击 "DHCP" 选项，打开 DHCP 管理工具→双击左侧 "win2012-1" 选项→右键单击 "IPv4"→单击 "新建作用域" 选项→单击 "下一步" 按钮，在 "名称" 文本框中输入 "中继 DHCP"，如图 2-40 所示，单击 "下一步" 按钮。

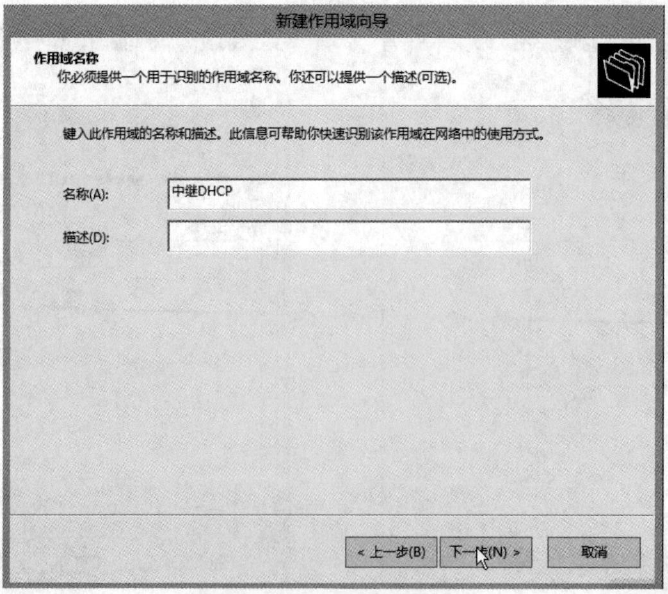

图 2-40 设置作用域名称

（3）在"新建作用域向导"对话框中输入"起始 IP 地址"为"192.168.2.10"，"结束 IP 地址"为"192.168.2.100"，其余保持默认设置，如图 2-41 所示，单击"下一步"按钮。

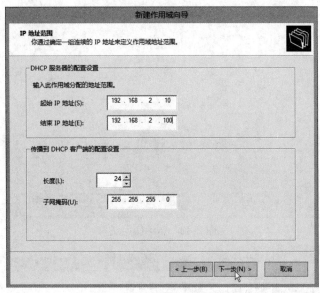

图 2-41　设置 IP 地址范围

（4）持续单击"下一步"按钮直到出现"路由器（默认网关）"设置界面，输入"192.168.2.254"并依次单击"添加"按钮和"下一步"按钮，如图 2-42 所示。

图 2-42　设置路由器（默认网关）

（5）DNS 和 WINS 服务器设置不作调整，持续单击"下一步"按钮直到出现"激活作用域"界面，选择"是，我想现在激活此作用域"单选按钮，完成新建作用域配置，如图 2-43、图 2-44 所示。

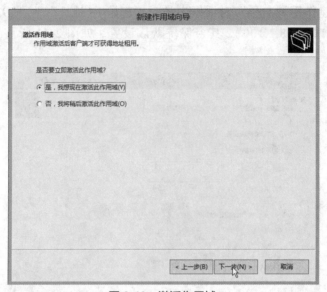

图 2-43　激活作用域

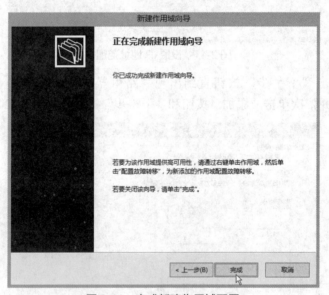

图 2-44　完成新建作用域配置

第四步：测试 DHCP 客户端（Win2012-3）获取 IP 地址的情况。

（1）进入 Win2012-3 操作系统，双击桌面工具栏"服务器管理"图标→单击"本地服务器"选项→双击"Ethernet0"的内容，打开"网络连接"窗口→双击"以太网"图标→双击"属性"按钮→选择"Internet 协议版本 4（TCP/IPv4）"选项，选择"自动获得 IP 地址"单选按钮和"自动获得 DNS 服务器地址"单选按钮，单击"确定"按钮，如图 2-45 所示。

（2）等待 1 分钟后，双击桌面工具栏"服务器管理"图标→单击"本地服务器"选项→双击"Ethernet0"的内容，打开"网络连接"窗口→双击"以太网"图标→单击"详细信息"按钮，查看当前网卡的 IP 地址，如图 2-46 所示。

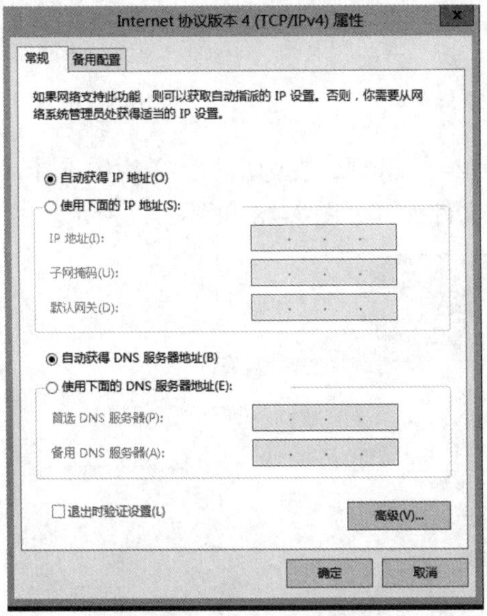

图 2-45　DHCP 客户端设置"自动获得 IP 地址"
"自动获得 DNS 服务器地址"

图 2-46　网络连接详细信息

2.4　DHCP 服务器冗余及数据库维护

2.4.1　DHCP 服务器冗余

　　为了保障网络的高可用性，大中型企业往往会对 DHCP 服务器进行冗余配置。常用的构建思路是采用双活机制，主 DHCP 服务器承担 80%的地址分配工作，辅助 DHCP 服务器承担 20%的地址分配工作，如图 2-47 所示。

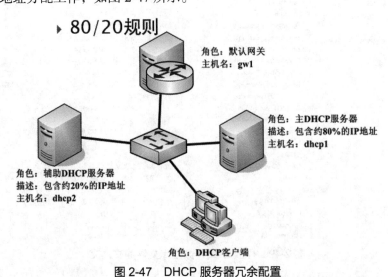

图 2-47　DHCP 服务器冗余配置

2.4.2　DHCP 数据库维护

　　DHCP 数据库可配置为自动备份与手工备份模式。

1. 自动备份模式

DHCP 自动备份计划任务。

2. 手工备份模式

在"DHCP"配置界面中，右键单击"win2012-1"选项，在弹出的菜单栏中选择"备份"选项，服务器弹出存放 DHCP 数据库文件的文件夹，如图 2-48 和图 2-49 所示。

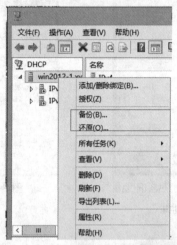

图 2-48 手工备份 DHCP 数据库文件

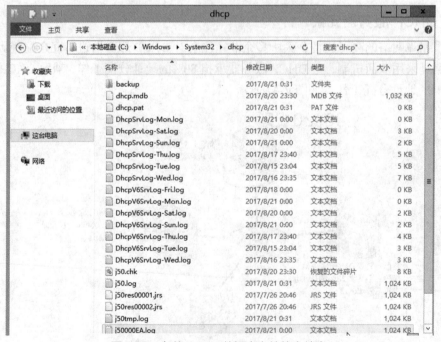

图 2-49 存放 DHCP 数据库文件的文件夹

DHCP 数据库文件说明如下。

➢ DHCP 数据库默认存放在"C:\Windows\System32\dhcp"目录中。

➢ dhcp.mdb 是 DHCP 服务器数据库文件。

➢ j50.log、j50#####.log 是记录全部数据库事件的日志文件，在 DHCP 数据库恢复时需要调用。

➢ j50.chk 是一个审核点（checkpoint）文件，DHCP 数据库恢复时需要调用。

2.5　本章小结

本章首先介绍了 DHCP 的概念及其工作原理，并通过实例详细说明了如何配置 DHCP 服务，如何使用 DHCP 中继代理，如何维护 DHCP 数据库。在 DHCP 技术诞生之前，局域网的主机只能通过手工的方式配置 IP 地址，不仅工作量巨大，且容易出错。现在，DHCP 技术几乎是所有局域网中必备的一项服务。在餐厅、咖啡厅、机场等人流量大的公共场所，DHCP 是唯一可行的 IP 分配方式。通过 DHCP 服务器自动为客户端分发 IP 地址，既简便，又避免了手工配置的错误风险，还提高了 IP 地址的利用率。此外，DHCP 中继技术可以提供更多元化的局域网组网形式，使得用户的 DHCP 服务器在跨网段的情况下也能提供服务。

读者需熟练掌握基于 Windows Server 2012 R2 中 DHCP 的角色添加与功能配置，充分利用该功能，完成在企业网内的 IP 地址分配、回收及 DHCP 数据库的维护工作。

2.6　章节练习

1. DHCP 的作用是什么？（选两项）

A. 自动分配 IP 地址　　　　　　　　　B. 自动设置路由条目

C. 对计算机进行中央管理　　　　　　　D. 自动设置安全策略

2. 请简述通过 DHCP 技术获取 IP 地址的方式。

3. DHCP 数据库默认存放的路径是什么？

4. 实战：动手搭建 DHCP 服务器。

（1）企业需求

A 公司拥有员工 310 人，部署企业局域网时决定采用 Windows Server 2012 服务器搭建 DHCP 服务。请根据实际应用需求进行 IP 地址规划，部署 DHCP 服务器，部署时请考虑地址池的可用性（租期）和服务的高可用保障。

（2）实验环境

可采用 VMware 或 VirtualBox 虚拟机进行实验环境搭建。

第 3 章 WINS 服务

本章要点

- 理解 WINS 服务器工作原理。
- 掌握 WINS 服务器配置。

计算机名称是计算机的重要识别标志之一，计算机名与 IP 地址的解析需要利用 NetBIOS 协议。NetBIOS 是一个由 IBM 公司开发的协议，主要作用是为局域网提供网络及其他特殊功能，系统可以利用 WINS 服务、广播及 LMHOSTS 文件等多种模式将 NetBIOS 名称解析为相应 IP 地址，实现信息通信，所以在局域网内部使用 NetBIOS 协议可以方便地实现消息通信及资源共享。本章重点讲述了 WINS 的概念、WINS 服务的应用以及工作原理，然后通过实例说明了 WINS 服务器的配置方法。

3.1　WINS 概述

3.1.1　NetBIOS 和 WINS 概述

NetBIOS 名称是 NetBIOS 协议中定义的一种用来与 IP 地址进行动态绑定从而实现通信和资源共享的标识，它由 16 个字节组成，其中前 15 个字节是计算机名，最后 1 个字节是 NetBIOS 提供的后缀名。

Windows 网际名称服务（Windows Internet Name Server，WINS）的主要作用之一是对 NetBIOS 名称进行解析。它提供一个分布式数据库，能在路由网络的环境中动态地对 IP 地址和 NetBIOS 名称的映射进行注册与查询。WINS 为 NetBIOS 名称提供名字注册、更新、释放和解析 4 种服务，这些服务允许 WINS 服务器维护一个将 NetBIOS 名称链接到 IP 地址的动态数据库，从而大大减轻了网络交通的负担。

3.1.2　NetBIOS 名称的解析方法

NetBIOS 名称的解析方法包括利用广播、查询 LMHOSTS 文件、利用 WINS 服务器和利用缓存 4 种，下面分别进行介绍。

1. 利用广播

如图 3-1 所示，计算机 A 在网络上用 UDP 137 进行广播，询问计算机 B 的 IP 地址。

当计算机 B 收到广播后响应自己的 IP 地址。这种方式的缺点是占用太多的带宽，且不能跨越子网，仅适合小型局域网。

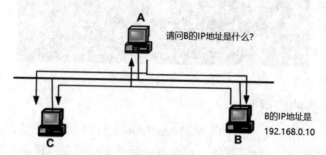

图 3-1　广播查询 NetBIOS 名称

2. 查询 LMHOSTS 文件

在 Windows 操作系统中，计算机的系统文件夹中有一个 LMHOSTS 文件，路径为 C:\Windows\System32\drivers\etc。LMHOSTS 文件是个纯文本文件，记录了 NetBIOS 名称和 IP 地址的对应信息。计算机可以通过查询本地的 LMHOSTS 获取目标主机的 IP 地址，也可以手工导入和添加相应的信息。

3. 利用 WINS 服务器

客户端可以通过指定的 WINS 服务器进行 NetBIOS 名称的解析，其工作原理在后面章节将进行详述。

4. 利用缓存

NetBIOS 名称缓存是为了提高 NetBIOS 名称的解析速度而设计的，其存在于本地计算机上。当计算机采用以上 3 种方法取得 NetBIOS 名称的 IP 地址后，会先把 IP 地址存储在缓存区，下次如果还需要解析同一 NetBIOS 名称，会直接从缓存区里查找。IP 地址在缓存区里的存在有一定的时限（默认为 10 分钟），时限到时缓存的记录会被清除。

3.1.3　NetBIOS 节点类型

NetBIOS 节点类型（node-type）有 4 种，节点的类型决定了计算机所采用的 NetBIOS 解析的方式。具体的类型和功能描述如表 3-1 所示。

表 3-1　NetBIOS 节点类型及其功能描述

节点类型	功能描述
B 节点	通过广播注册和解析名称
P 节点	通过 NetBIOS 名称服务器解析，如使用 WINS 解析
M 节点	结合 B 节点和 P 节点，默认是 B 节点
H 节点	结合 P 节点和 B 节点，默认是 P 节点

NetBIOS 节点类型可以在系统命令提示符窗口中利用"ipconfig /all"命令进行查询。图 3-2 所示为一个"混合"节点。

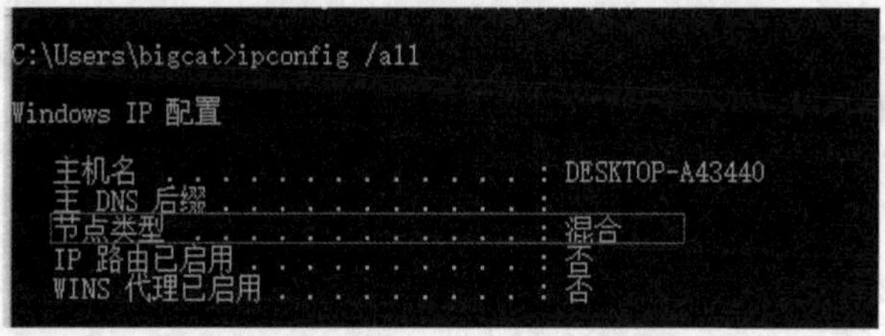

```
C:\Users\bigcat>ipconfig /all

Windows IP 配置

   主机名 . . . . . . . . . . . . . : DESKTOP-A43440
   主 DNS 后缀 . . . . . . . . . . . :
   节点类型 . . . . . . . . . . . . : 混合
   IP 路由已启用 . . . . . . . . . . : 否
   WINS 代理已启用 . . . . . . . . . : 否
```

图 3-2　"混合"节点类型

3.1.4　WINS 服务的应用

在默认状态中，网络上每一台计算机的 NetBIOS 名称是通过广播的方式来提供更新的，也就是说，假如网络上有 *n* 台计算机，那么每一台计算机就要广播 *n*-1 次，对于小型网络来说，这似乎并不影响网络交通，但对大型网络来说，就会加重网络的负担。通过 WINS 服务，网络中的计算机可以快速检索到其他计算机的 NetBIOS 名称。因此，在大型网络环境下，WINS 服务是实现 NetBIOS 名称与 IP 地址之间转换的一种最为有效的方法。

3.1.5　WINS 服务器工作原理

WINS 服务器与客户端之间主要通过注册、释放、更新、查询来实现服务会话，具体的工作原理如下。

1. 注册

WINS 客户端 A 在 WINS 服务器上的注册过程如图 3-3 所示。当 WINS 客户端 A 启动注册请求后，会向 TCP/IP 配置中指定的 WINS 服务器发送一个名称查询请求（请求签订合同），要求注册其 NetBIOS 名称和 IP 地址。如果 WINS 服务器在线，它首先检查自己的数据库中是否已有该 NetBIOS 名称。若有 WINS 客户端 B 与其同名，则 WINS 服务器将以 500ms 为间隔向 WINS 客户端 B 发送 3 次名称查询请求，用以确定 WINS 客户端 B 是否仍在工作。如收到响应，则向 WINS 客户端 A 发出一个负的名称注册（Negative Name Registration）告知 WINS 客户端 A 注册失败。如果没有响应，则 WINS 客户端 A 注册成功，WINS 服务器会将这一对应关系（重新）记录在自己的数据库中，并向 WINS 客户端 A 返回一个注册成功的消息，其中包括一个指定的 TTL——它的存在表明了 WINS 客户端 A 只是一个合同工，合同签订成功。

图 3-3　WINS 服务注册、释放过程

　　一旦 WINS 客户端 A 三次联系 WINS 服务器都失败，则意味着 WINS 服务器不可用，如果网络中没有其他 WINS 服务器存在，则 WINS 客户端 A 会按照上述"利用广播"的方式工作。

2. 释放

　　当 WINS 客户端 A 停止某个注册的网络服务或正常关机时，WINS 客户端 A 会向 WINS 服务器发出一个包括 IP 地址和 NetBIOS 名称的释放请求（要求解除合同）。WINS 服务器收到该请求后，先检查自己的数据库，如果找到了一个对应的记录，则向 WINS 客户端 A 发送一个正的名称释放（Positive Name Release）消息作为响应，其中包括了被释放的 NetBIOS 名称和值为 0 的 TTL，同时在数据库中将这条记录标记为已经释放，此时合同正式解除。

　　如果 WINS 服务器没有找到对应的记录或者该 NetBIOS 名称被指向了另一个 IP 地址，那么它会向 WINS 客户端 A 发出一个负的名称释放（Negative Name Release）消息作为回应，此时合同无法解除。

　　如果 WINS 客户端 A 非正常关机就不会发出释放请求，这样，WINS 服务器的数据库中就会多出一条"假"记录。当 WINS 客户端 B 向 WINS 服务器发出访问 WINS 客户端 A 的地址请求时，WINS 服务器仍然会向 WINS 客户端 B 给出已失效的地址信息，这种情况下 WINS 客户端 B 当然不可能联系到 WINS 客户端 A，最终会出现超时错误。在 WINS 客户端 B 的网络邻居窗口中，WINS 客户端 A 的信息仅证明了"A 曾经存在"。

3. 更新

　　默认情况下，WINS 服务器数据库更新时间（合同期限）TTL 是 6 天，如果到时 WINS 客户端没有发出更新请求（要求续签合同），名称注册即告失效（合同终止）。此时，WINS 服务器会将该记录删除。

　　一般来说，WINS 客户端会在 TTL 值过去 50%（默认为 3 天）的时候向 WINS 服务器发出一次名称更新请求，当 WINS 服务器收到该请求后，即向该 WINS 客户端发出一个包含了新的 TTL 的名称更新响应，表示续约。其过程如图 3-4 所示。

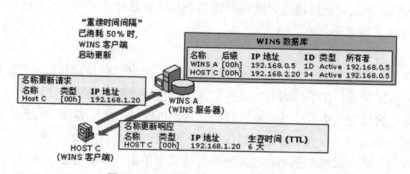

图 3-4　WINS 客户端的注册更新请求

4. 查询

　　当 WINS 客户端 A 需要联系 WINS 客户端 B 的时候，它首先检查缓存，查看是否有

WINS 客户端 B 的 NetBIOS 名称对应 IP 地址的记录，如果没有，则向 WINS 服务器发出该 NetBIOS 名称的 IP 查询请求，要求 WINS 服务器回应其 IP 地址。如果没有任何 WINS 服务器响应，或者某个 WINS 服务器发出了一个 "Requested Name Does Not Exist"（请求的名称不存在）消息，WINS 客户端 A 将以广播的方式查找。如果仍未响应，在有事先设置的情况下，WINS 客户端 A 还会去查找自己的数据库文件 LMHOSTS，直到仍无结果才会放弃。

3.2　WINS 服务器配置实例

实例场景：A 公司拥有一个大型的局域网，在网络中又有上千台客户端，其中部分客户端承担了特殊的工作任务，员工需要通过 NetBIOS 名称访问这些客户端。由于局域网中的客户端数量众多，网络管理员需要对 NetBIOS 名称以及 IP 地址进行统一的匹配管理。

网络拓扑：图 3-5 所示为本实例中部分客户端及 WINS 服务器的网络拓扑，主机名和 IP 如下。

（1）WINS 服务器，主机名：Win2012-1，IP：192.168.1.1。

（2）WINS 客户端 A，主机名：Win2012-2，IP：192.168.1.2。

（3）WINS 客户端 B，主机名：Win2012-3，IP：自动获取（192.168.1.3）。

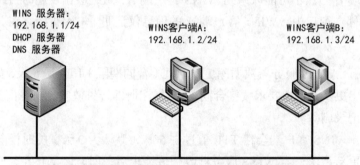

图 3-5　部分客户端及 WINS 服务器网络拓扑图

解决方法：网络管理员通过架设和配置 WINS 服务器对局域网中所有的客户端进行统一的 NetBIOS 名称管理。

第一步：安装 WINS 服务。

（1）在要配置的 WINS 服务器（Win2012-1）上，打开"服务器管理器"窗口，单击右上角的"管理"选项，在下拉列表中选择"添加角色和功能"选项，在弹出的"添加角色和功能向导"窗口持续单击"下一步"按钮，直至出现"功能"界面，勾选"WINS 服务器"复选框，单击"下一步"按钮，如图 3-6 所示。

（2）在弹出的"添加角色和功能向导"对话框中单击"添加功能"按钮，单击"下一步"按钮，单击"安装"按钮，最后单击"关闭"按钮。

（3）回到"服务器管理器"窗口，单击"工具"选项，在下拉列表中选择"WINS"选项，查看服务器的 WINS 服务，如图 3-7 所示。

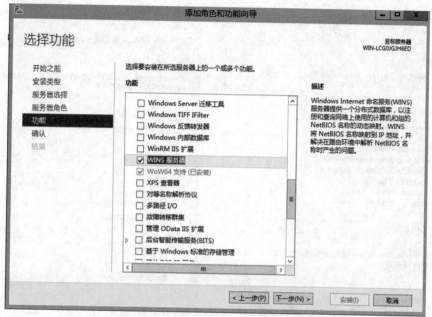

图 3-6　添加 WINS 服务器功能

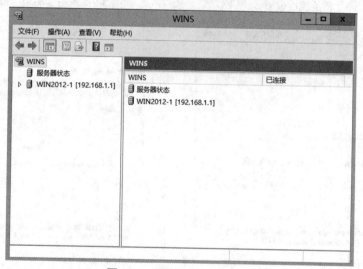

图 3-7　WINS 服务管理窗口

第二步：配置 WINS 客户端。

（1）在 Win2012-2 中，打开"以太网 属性"对话框（操作步骤可参考 2.2 节的第一步），如图 3-8 所示，双击"Internet 协议版本 4（TCP/IPv4）"选项，进入配置 IP 地址界面。

（2）在"Internet 协议版本 4（TCP/IPv4）属性"对话框中，单击"高级"按钮，如图 3-9 所示。

（3）在弹出的"高级 TCP/IP 设置"对话框中，选择"WINS"选项卡，如图 3-10 所示。单击"添加"按钮，在弹出的"TCP/IP WINS 服务器"对话框中，指定"WINS 服务器"地址为"192.168.1.1"，如图 3-11 所示。单击"添加"按钮后，单击"确定"按钮，离开 IP 地址配置和以太网属性界面。

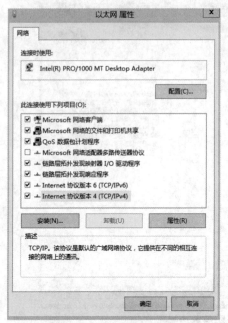

图 3-8　网络属性设置

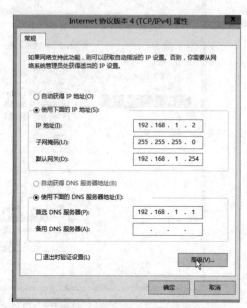

图 3-9　单击"高级"按钮

图 3-10　配置 WINS

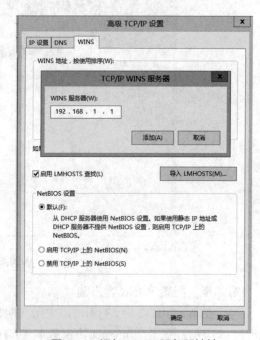

图 3-11　添加 WINS 服务器地址

第三步：验证 WINS 服务器。

（1）回到 WINS 服务器，在 WINS 管理窗口的"活动注册"界面，查看是否有新注册的客户端信息。图 3-12 所示为客户端成功注册在 WINS 服务器上。

（2）如果没有显示结果，右键单击"活动注册"选项，在弹出的快捷菜单中单击"显示记录"命令，如图 3-13 所示。

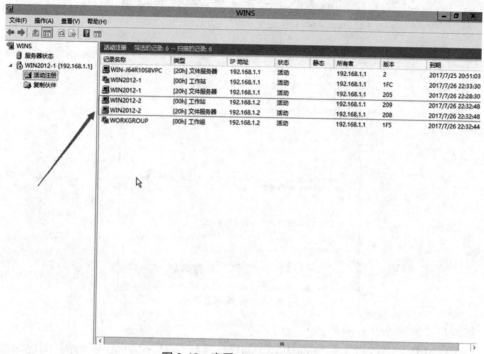

图 3-12　查看 WINS 活动注册

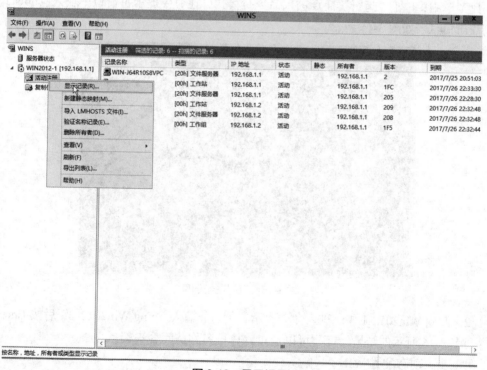

图 3-13　显示记录

（3）在弹出的"显示记录"对话框中，单击"立即查找"按钮，如图 3-14 所示，可看到结果。

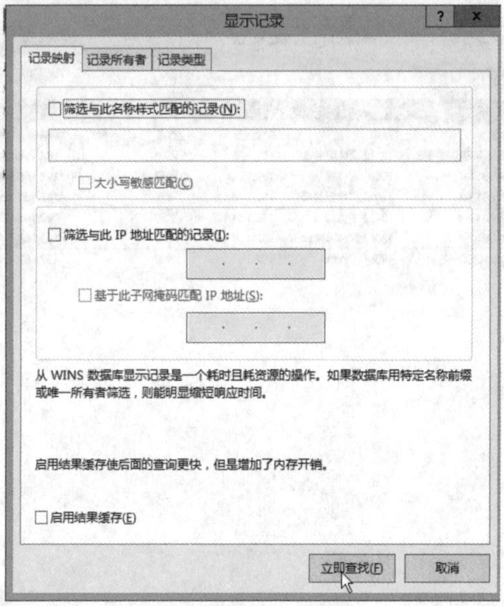

图 3-14　查找活动注册

第四步：测试 WINS 服务器。

（1）在 WINS 客户端 A（Win2012-2）的操作系统桌面右键单击"开始"图标，在弹出的快捷菜单中，单击"运行"命令进入命令行模式，在命令提示符窗口中输入"nbtstat –n"查询注册信息，如图 3-15 所示。

图 3-15　查问注册信息

（2）回到 Win2012-1 中，进入命令提示符窗口，输入"ping Win2012-2"后按 Enter 键，会得到图 3-16 所示的结果，证明可以通过计算机名称访问客户端 A。

第五步：动态配置 WINS 服务。

动态 WINS 服务是与 DHCP 服务配合使用的，在配置 DHCP 服务的过程中，可以将 WINS 服务加入其中，如图 3-17 所示。如果在配置 DHCP 的过程中并没有配置 WINS 服务，则可以在 DHCP 管理控制台中选择"服务器选项"进行配置，过程如下。

图 3-16 输入"ping Win2012-2"

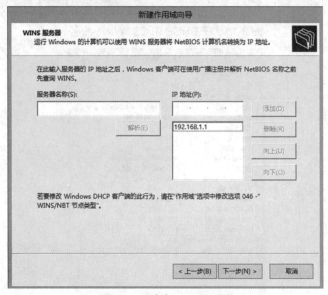

图 3-17 动态 WINS 配置

（1）在 DHCP 服务器（Win2012-1）中，利用第 2 章配置的 DHCP 服务，进入 DHCP 控制器（操作过程参考 2.2 节第一步中打开 DHCP 管理器的操作），依次选择左侧列表中的 "win2012-1"→"IPv4"→"服务器选项"，在弹出的"服务器选项"对话框中勾选"044 WINS/NBNS 服务器"复选框，单击"确定"按钮，如图 3-18 所示，将 WINS 服务加入其中。

（2）参考 2.2 节中的第二步，在弹出的"新建作用域向导"对话框的"WINS 服务器"界面中，输入"192.168.1.1"，将 192.168.1.1 设置为 WINS 服务器。

（3）在 WINS 客户端 B（Win2012-3）中，参考 2.3.3 节第四步的操作，进行 IP 配置，将 Win2012-3 设置为自动获取 IP，然后查看网络连接详细信息，查看结果如图 3-19 所示。可以看到计算机在获取 IP 的同时，WINS 服务器地址也分配好了。

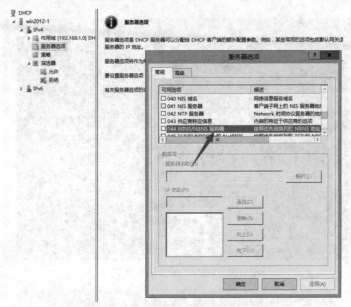

图 3-18 在 DHCP 中添加 WINS 服务

图 3-19 网络连接详细信息

3.3 本章小结

本章介绍了 WINS 服务的工作原理，在案例中介绍了如何进行 WINS 服务配置以及如何配合 DHCP 服务器工作。在网络环境下，IP 地址与计算机名是非常重要的两个网络标识，相对于 IP 地址，计算机名更能体现计算机的功能和特点，面对局域网内众多的计算机名，必须进行有效的管理。利用 WINS 服务器，可以有效地避开 NetBIOS 协议使用广播所带来的网络资源消耗。客户端通过向 WINS 服务器查询，可以快速有效地单点访问所需的计算机，大大提高了网络效率。WINS 服务结合第 2 章的 DHCP 服务，可以快速、有效地完成大型网络的客户端 IP 地址分配与计算机名信息登记。

3.4　章节练习

1. 什么是 NetBIOS 名称？
2. 计算机有哪些方式来查找 NetBIOS 名称？
3. 简述 WINS 的工作原理。
4. 实战：动手搭建 WINS 服务器。

（1）企业需求

A 公司拥有 100 名员工，为满足企业内计算机之间的访问需求，需要搭建一个 WINS 服务器，记录网络中存在的网络服务以及 NetBIOS 名称。请根据实际应用，结合 DHCP 服务器，在每个员工的主机中，分别采用静态配置 WINS 服务器和自动获取 WINS 服务器的方式进行部署。

（2）实验环境

可采用 VMware 或 VirtualBox 虚拟机进行实验环境搭建。

第❹章 DNS 服务

本章要点

- 了解域名的分类。
- 理解 DNS 的查询方式。
- 掌握 DNS 服务器的配置。

在日常生活中，人们使用互联网获取信息最常用的方法是在浏览器中输入要访问的网址，然后进入网站。在这个过程中，DNS 起到关键作用，通过 DNS，计算机可以将用户输入的网址解析成 IP 地址，并进行访问。本章首先介绍 DNS 的概念、DNS 技术的应用及域名的概念，然后介绍 DNS 的查询方式，最后通过实例说明 DNS 服务器的配置、辅助区域的配置、DNS 的委派和转发器的配置。

4.1 DNS 概述

4.1.1 域名与域名服务器

域名（Domain Name）简称"域"，是 Internet 上某一台计算机或某个计算机组的名称，用于在数据传输时标识计算机的电子方位，它是由一串用点分隔的名字组成的。

域名空间的层次结构如图 4-1 所示。

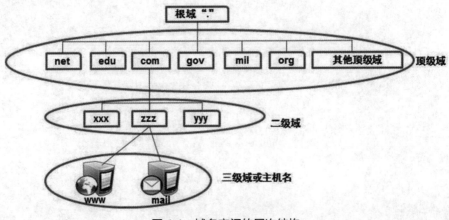

图 4-1　域名空间的层次结构

根域是根服务器用来管理互联网的主目录。所有根服务器均由互联网名称与数字地址分配机构（ICANN）统一管理，ICANN 负责全球互联网域名根服务器、域名体系和 IP 地址的管理。

顶级域分为 3 类：

➢ 国家和地区顶级域，例如，中国是"cn"、日本是"jp"等。

➢ 国际顶级域，如表示工商企业的"com"、表示网络提供商的"net"、表示非营利组织的"org"等。

➢ 新顶级域，例如，通用的"xyz"、代表高端的"top"、代表人的"men"等。

二级域是处于顶级域之下的域，它是域名的倒数第二个部分。

三级域处于二级域之下，是二级域的子域，由用户设置。

图 4-2 所示是域名的层次说明。

域名系统（Domain Name System，DNS）是进行域名和与之相对应的 IP 地址转换的服务器。它负责保存网络中所有计算机的域名和对应 IP 地址，并具备将域名和 IP 地址相互解析的功能。

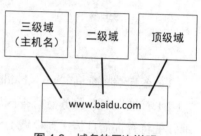

图 4-2 域名的层次说明

4.1.2 DNS 技术的应用

在日常的使用中，通常采用域名的方式访问主机，因为域名要比 IP 地址容易记，而且更能体现访问对象的特点。然而在 TCP/IP 的网络模型中，最终的访问对象都以 IP 地址的形式出现，如何将用户访问的域名与其 IP 地址相对应？域名服务器（DNS）的出现解决了这一难题。它作为可以将域名和 IP 地址相互映射的一个分布式数据库，是进行域名和与之相对应的 IP 地址转换的系统。通过使用 DNS，互联网使用者能够方便地通过域名访问互联网对象，而无须关心访问对象的 IP 地址是什么。

4.1.3 DNS 的查询方式

DNS 查询的基本方式有 3 种：非递归、递归和迭代。在实际的使用过程中，可能是几种查询方式的混合。

➢ 非递归查询是指 DNS 服务器只用已有的最佳结果进行响应，不会代表查询者进行进一步查询。

➢ 递归查询是客户端向 DNS 服务器发出请求后，若 DNS 服务器本身不能解析，则会向另外的 DNS 服务器发出查询请求，并将得到的结果返回给客户端。

➢ 迭代查询是 DNS 服务器会向客户端提供其他能够解析查询请求的 DNS 服务器地址。当客户端发送查询请求时，DNS 服务器并不直接回复查询结果，而是告诉客户端另一台 DNS 服务器的地址，客户端再向这台 DNS 服务器提交请求，依次循环直到返回查询的结果为止。

下面是一个简单的 DNS 混合查询过程，如图 4-3 所示。一台客户端要访问"www.baidu.com"的 Web 服务器，其域名解析全过程如下。

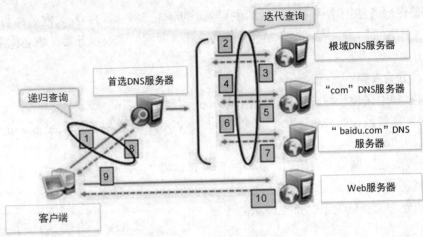

图 4-3　DNS 混合查询过程

（1）客户端将查询"www.baidu.com"的信息传递到自己的首选 DNS 服务器。

（2）首选 DNS 服务器检查区域数据库（缓存），如果没有找到"baidu.com"域的 IP 地址，就将查询信息传递到根域 DNS 服务器，请求解析主机名称。

（3）根域 DNS 服务器将负责解析"com"顶级域的 DNS 服务器 IP 地址返回给 DNS 客户端的首选 DNS 服务器。

（4）首选 DNS 服务器将请求发送给负责"com"域的 DNS 服务器。

（5）负责"com"域的 DNS 服务器根据请求将负责"baidu.com"域的 DNS 服务器的 IP 地址返回给首选 DNS 服务器。

（6）首选 DNS 服务器向负责"baidu.com"域的 DNS 服务器发送请求。

（7）当负责"baidu.com"域的 DNS 服务器找到"www.baidu.com"的记录时，它会将 IP 地址返回给首选 DNS 服务器。

（8）客户端的首选 DNS 服务器将"www.baidu.com"的 IP 地址发送给客户端（此时域名解析已完成）。

（9）域名解析成功后，首选 DNS 服务器会将得到的 IP 地址加入缓存，客户端将 HTTP 请求发送给 Web 服务器。

（10）Web 服务器响应客户端的访问请求。

4.2　DNS 服务配置实例

4.2.1　DNS 服务的配置

实例场景：A 公司拥有一个"szpt.com"域名，局域网内有多个主机，但是主机之间无法通过域名互相访问对方。例如，在局域网内的某个客户端浏览器中输入"server.szpt.com"时，没有任何访问回复。

网络拓扑：该 DNS 实例的网络拓扑如图 4-4 所示。

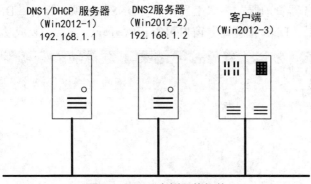

图 4-4　DNS 实例网络拓扑

（1）DNS1/DHCP 服务器，主机名：Win2012-1，IP：192.168.1.1。

（2）DNS2 服务器，主机名：Win2012-2，IP：192.168.1.2。

（3）客户端，主机名：Win2012-3。

解决办法：在局域网内架设 DNS 服务器，将图 4-4 中主机名为 Win2012-1 的主机配置为主 DNS 服务器，用以记录局域网内的域名信息和对应的 IP 地址，局域网内所有客户端的 DNS 服务器都指向该服务器，最后将 DNS 服务器设置为允许动态更新，使 DNS 服务器能够及时更新 DNS 信息。

第一步：安装 DNS 服务。

（1）在 Win2012-1 上，参考 2.2 节第一步的网络配置过程，将 Win2012-1 的 IP 地址设置为"192.168.1.1"。

（2）选择"服务器管理器"→"管理"→"添加角色和功能"选项，弹出"添加角色和功能向导"窗口，持续单击"下一步"按钮直到出现"选择服务器角色"界面，在右侧"角色"栏中勾选"DNS 服务器"复选框，如图 4-5 所示。持续单击"下一步"按钮，直到出现"确认安装所选内容"界面，单击"安装"按钮，完成 DNS 服务的安装。

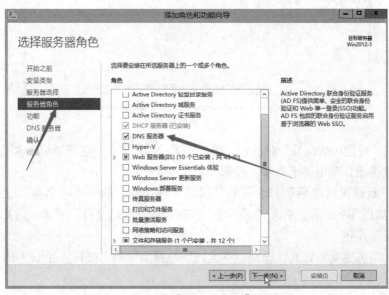

图 4-5　勾选"DNS 服务器"复选框

（3）选择"服务器管理器"→"工具"→"DNS"选项，打开"DNS 管理器"窗口，如图 4-6 所示。如果"DNS 管理器"窗口可以正常打开，表示安装成功。

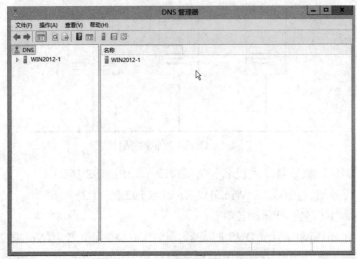

图 4-6　"DNS 管理器"窗口

第二步：配置正向查找区域，正向查找区域的作用是依据域名查找对应的 IP 地址。

（1）打开"DNS 管理器"窗口，双击左侧"WIN2012-1"选项，右键单击"正向查找区域"选项，在弹出的快捷菜单中单击"新建区域"命令，如图 4-7 所示。

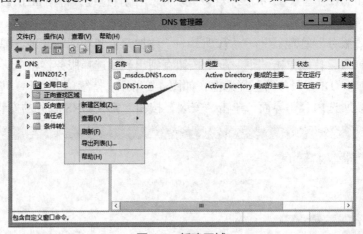

图 4-7　新建区域

（2）弹出"新建区域向导"对话框，单击"下一步"按钮，选择区域的类型，选择"主要区域"单选按钮，单击"下一步"按钮，如图 4-8 所示。

（3）在"新建区域向导"对话框的"区域名称"界面的"区域名称"文本框中输入"szpt.com"，如图 4-9 所示。单击"下一步"按钮。在"区域文件"界面，选择默认选项后单击"下一步"按钮。

（4）在"动态更新"界面，选择"不允许动态更新"单选按钮，如图 4-10 所示，单击"下一步"按钮。

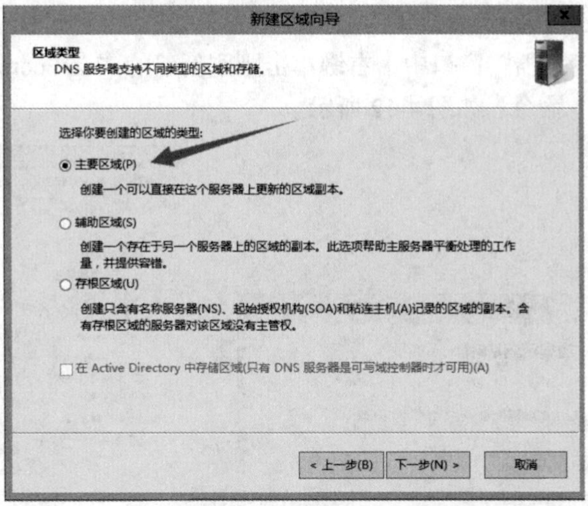

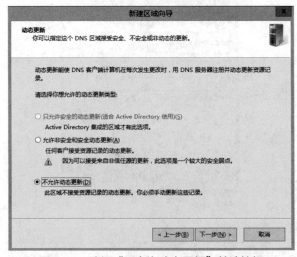

图 4-8 选择"主要区域"单选按钮

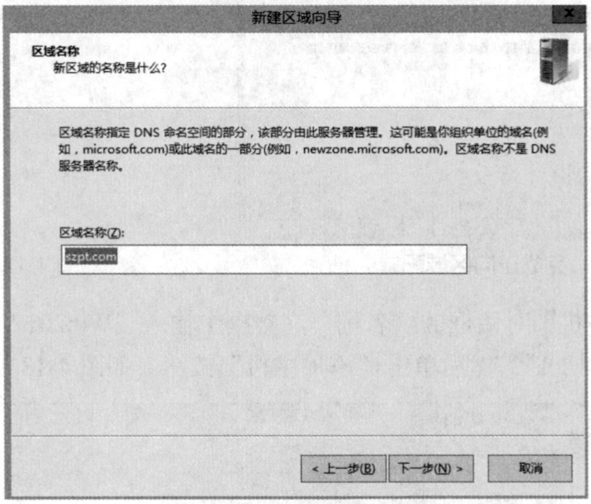

图 4-9 设置区域名称

图 4-10 选择"不允许动态更新"单选按钮

（5）单击"完成"按钮，完成正向区域的配置，如图4-11所示。

（6）在"DNS 管理器"窗口中，右键单击刚刚新建的"szpt.com"选项，选择"新建主机（A 或 AAAA）"命令，如图4-12所示。

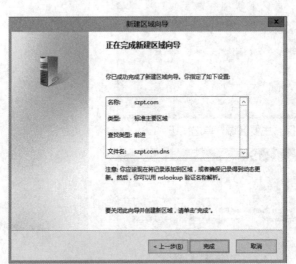

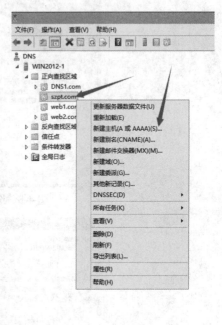

图4-11　完成正向区域配置　　　　　　　　　图4-12　新建主机

（7）在"新建主机"对话框的"名称"文本框中输入"Win2012-1"，在"IP 地址"文本框中输入"192.168.1.1"，然后单击"添加主机"按钮，如图4-13所示。

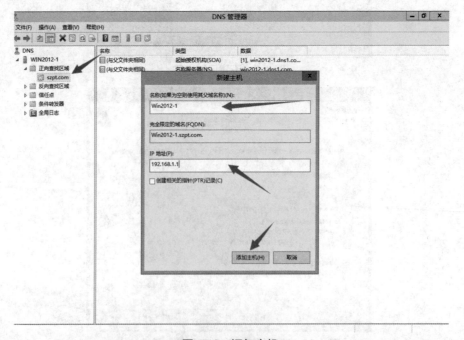

图4-13　添加主机

（8）回到"DNS 管理器"窗口，再次右键单击"szpt.com"选项，选择"新建别名（CNAME）"命令。在弹出的"新建资源记录"对话框中输入"别名"为"www"，输入"目标主机的完全合格的域名"为"Win2012-1.szpt.com"（也可以通过单击"浏览"按钮选定该主机），如图 4-14 所示，单击"确定"按钮。

（9）回到"DNS 管理器"窗口，再次右键单击"szpt.com"选项，选择"新建邮件交换器（MX）"命令，在"新建资源记录"对话框的"邮件服务器的完全限定的域名（FQDN）"文本框中输入"Win2012-1.szpt.com"，如图 4-15 所示，单击"确定"按钮。

图 4-14　新建别名

图 4-15　新建邮件交换器

（10）以上（操作（1）—（9））为正向查找区域"DNS1.com"所建立的主机，在"DNS 管理器"窗口中，双击"szpt.com"选项，查看右侧窗格，可看到所有新建的关于"szpt.com"的正向查找区域记录，结果如图 4-16 所示。

图 4-16　主机建立结果

（11）在客户端（Win2012-3）中，参照 2.2 节第一步的网络设置方法，将 IP 设置为 "192.168.1.3"，DNS 设置为 "192.168.1.1"。

（12）右键单击桌面 "开始" 图标 ▦，选择 "运行" 命令，在 "运行" 对话框的 "打开" 文本框中输入 "cmd"，单击 "确定" 按钮，如图 4-17 所示。

图 4-17　输入 "cmd"

（13）进入命令提示符窗口后，输入 "nslookup"，并按 Enter 键，进入 nslookup 工具，操作步骤如下。

① 输入 "Win2012-1. szpt.com"，按 Enter 键。

② 输入 "www. szpt.com"，按 Enter 键。

③ 输入 "set type=mx"，按 Enter 键。

④ 输入 "szpt.com"，按 Enter 键。

查看测试结果，如图 4-18 所示。

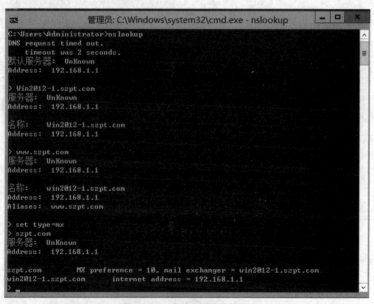

图 4-18　客户端测试结果

第三步：配置反向查找区域。反向查找区域的作用是通过查询 IP 地址的 PTR 记录来得到该 IP 地址指向的域名。

（1）在 Win2012-1 中，进入"DNS 管理器"窗口，右键单击"反向查找区域"选项，在弹出的快捷菜单中单击"新建区域"命令，如图 4-19 所示。

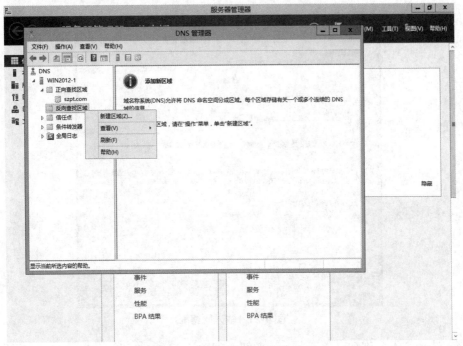

图 4-19　单击"新建区域"选项

（2）在弹出的"新建区域向导"对话框中持续单击"下一步"按钮直至出现"选择是否要为 IPv4 地址或 IPv6 地址创建反向查找区域"界面，选择"IPv4 反向查找区域"单选按钮，如图 4-20 所示，单击"下一步"按钮。

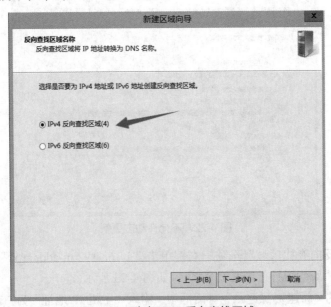

图 4-20　建立 IPv4 反向查找区域

（3）在"要标识反向查找区域，请键入网络 ID 或区域名称"界面，输入"网络 ID"内容为"192.168.1"，如图 4-21 所示，持续单击"下一步"按钮，直到出现"动态更新"界面。

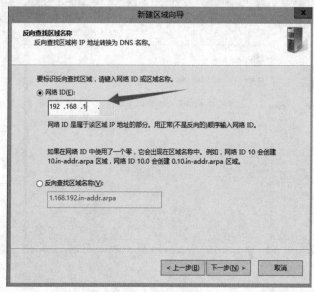

图 4-21　输入网络 ID

（4）选择"不允许动态更新"单选按钮，如图 4-22 所示，单击"下一步"按钮。

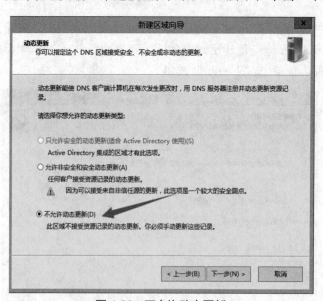

图 4-22　不允许动态更新

（5）双击"反向查找区域"选项→右键单击"1.168.192.in-addr.arpa"选项，在弹出的快捷菜单中单击"新建指针（PTR）"命令，如图 4-23 所示。

（6）在弹出的"新建资源记录"对话框中，输入"主机 IP 地址"为"192.168.1.1"，"主机名"为"Win2012-1.szpt.com"，单击"确定"按钮，如图 4-24 所示。

（7）在"DNS 管理器"窗口中，单击"WIN2012-1"→"反向查找区域"→"1.168.192.in-addr.arpa"，可在右侧窗格查看新建的资源记录，如图 4-25 所示。

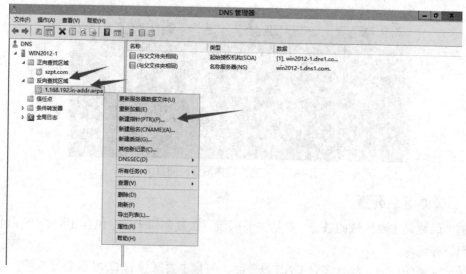

图 4-23 新建指针

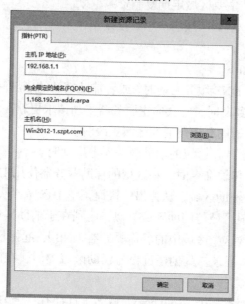

图 4-24 新建资源记录

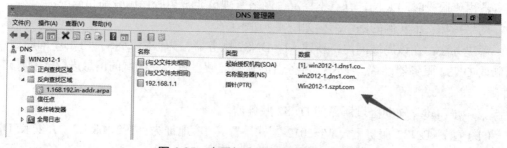

图 4-25 查看新建反向查找区域记录

（8）在客户端（Win2012-3）中，参照 4.2.1 节第二步，进入 nslookup 工具，输入"192.168.1.1"并按 Enter 键进行测试，结果如图 4-26 所示。

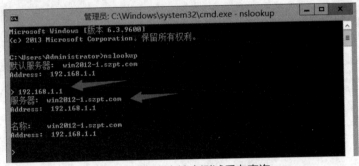

图 4-26　在客户端中测试反向查询

4.2.2　辅助区域配置

辅助区域是主要区域的备份，是从主要区域直接复制而来的，包含相应 DNS 命名空间的全部资源记录。

辅助区域的目的：放置多台 DNS 服务器，防止主要区域的 DNS 服务器故障。

辅助区域的工作：从主要区域定期复制资源记录。

辅助区域的作用：是主要区域的一个只读副本，本身不会记录域中各主机名的变化，只能从主要区域复制信息。

区域传输发生条件如下。

➢ 当辅助服务器的 DNS 服务启动时，或者辅助区域的刷新间隔（在 SOA 资源记录中默认为 15min）到期时，它会向主服务器主动请求更新。

➢ 当其主服务器向辅助服务器通知区域更改时。

➢ 当 DNS 服务器服务在区域的辅助服务器上启动时。

➢ 当用户主动发送传输命令时，在区域的辅助服务器使用 DNS 控制台手工启动区域传输（右键单击辅助区域，从弹出的快捷菜单中选择"从主服务器传输"选项）。

需要注意的是，存根区域与辅助区域类似，区别在于辅助区域包含这个区域中的所有信息，而存根区域只包含这个区域中的名称服务器（NS）、起始授权机构（SOA）和 DNS 服务器的粘连主机（A）记录。其创建过程与辅助区域类似，在此不做详述。下面介绍辅助区域的创建操作。

实例场景：A 公司拥有一个"szpt.com"域名，且拥有一个 DNS1 服务器，但是 DNS1 服务器由于服役时间太长，有点不稳定，网络管理员非常担心该服务器出故障。

网络拓扑：本实例的网络结构如图 4-4 所示。

解决办法：在该局域网内，新建一个 DNS2 服务器，为保障 DNS 服务的不间断运行，将新的 DNS2 服务器设置为 DNS1 服务器的辅助区域，将主要区域的信息进行复制，过程如下。

第一步：建立辅助区域所需的 DNS2 服务器。

（1）配置 DNS2 服务器（Win2012-2），设置其 IP 地址为：192.168.1.2，并安装 DNS 服务，过程参照 4.2.1 节的第一步。

（2）在 DNS2 服务器中，打开"DNS 管理器"窗口，右键单击"正向查找区域"→单击"新建区域"命令，单击"下一步"按钮，在"新建区域向导"对话框的"区域类型"界面，选择"辅助区域"单选按钮，如图 4-27 所示。单击"下一步"按钮，在"区域名称"界面输入"szpt.com"，单击"下一步"按钮。

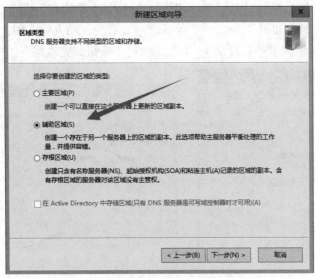

图 4-27　新建辅助区域

（3）在"主 DNS 服务器"界面输入主服务器 IP 地址"192.168.1.1"，当 DNS2 服务器尝试连接主服务器"192.168.1.1"成功后，会出现绿色对勾图标，然后单击"下一步"按钮，如图 4-28 所示，最后单击"完成"按钮。

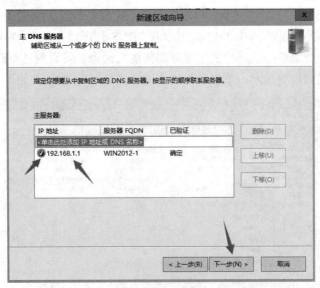

图 4-28　输入主服务器 IP 地址

第二步：在主 DNS 服务器即 DNS1 服务器中配置，指定主 DNS 服务器的区域传送对象。

（1）回到 DNS1 服务器（Win2012-1）中，打开"DNS 管理器"窗口，单击"正向查找区域"→右键单击"szpt.com"选项，在弹出的菜单中选择"属性"命令。

（2）在"szpt.com 属性"对话框中选择"区域传送"选项卡，选择"只允许到下列服务器"单选按钮，单击"编辑"按钮，如图 4-29 所示。

（3）在弹出的"允许区域传送"对话框的"辅助服务器的 IP 地址"文本框中，输入 IP 地址为"192.168.1.2"，如图 4-30 所示。单击空白处后会自动查验"192.168.1.2"是否可用（若不可用，会提示辅助服务器异常），单击"确定"按钮，完成配置。

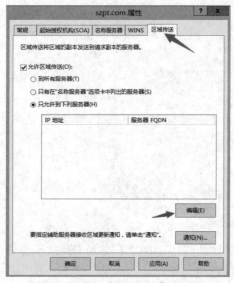

图 4-29　进入"区域传送"选项卡　　　　图 4-30　完成区域传送的 IP 配置

（4）在"区域传送"选项卡界面，可以看到服务器列表中已有"192.168.1.2"的 IP 记录。

（5）进入 DNS2 服务器（Win2012-2）中，在"DNS 管理器"窗口中右键单击"szpt.com"选项，在弹出的快捷菜单中选择"从主服务器传输"命令，可看到已获取到 DNS1 服务器中的记录，如果界面没有显示，单击工具栏中的"刷新" 按钮，如图 4-31 所示。

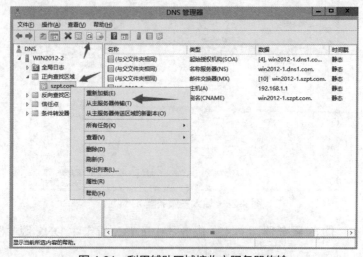

图 4-31　利用辅助区域接收主服务器传输

4.2.3　DNS 的委派配置

委派（Delegation）是指通过在 DNS 数据库中添加记录，从而把 DNS 名称空间中某个子域的管理权利指派给另一个 DNS 服务器的过程，如图 4-32 所示。

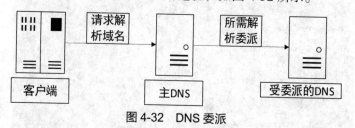

图 4-32　DNS 委派

实例场景：A 公司拥有一个 "szpt.com" 域名，且拥有一个 DNS1 服务器，但是该 DNS1 服务器由于服役时间太长，负载较重，网络管理员希望将新增的 DNS 解析任务分派到其他 DNS 服务器（DNS2 服务器）上。

网络拓扑：本实例的网络结构如图 4-4 所示。

解决办法：在该局域网内，为原有的 DNS2 服务器建立委派区域，将局域网内所有面向新增域名的请求发送到 DNS2 服务器上，以缓解原 DNS1 服务器的工作压力。DNS 委派实例的建立过程如下。

第一步：在 DNS2 服务器中新建正向查找区域。

（1）在 DNS2 服务器中新建正向查找区域，并将该区域命名为 "testwp.com"，过程参考 4.2.1 节第二步。

（2）在 "testwp.com" 区域中新建主机 "www"，并将 IP 地址设置为 "192.168.11.1"，过程参考 4.2.1 节第二步，新建结果如图 4-33 所示。

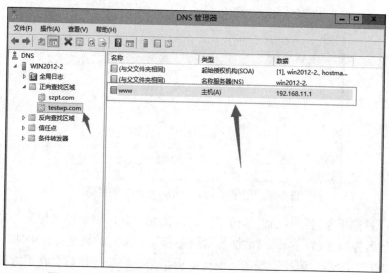

图 4-33　在 DNS2 中建立 www.testwp.com 的 DNS 解析

（3）在客户端（Win2012-3）的命令提示符窗口中，利用 "nslookup" 命令，查看是否可以解析 "www.testwp.com"。由于此时在 DNS1 服务器的正向查找区域中没有对应记录，因而无法解析该网址，如图 4-34 所示。

图 4-34　尝试解析"www.testwp.com"

第二步：在 DNS1 服务器中进行委派设置。

（1）在 DNS1 服务器（Win2012-1）中，进入"DNS 管理器"窗口，新建正向查找区域"testwp.com"，过程参照 4.2.1 节第二步。

（2）右键单击"testwp.com"选项，在弹出的快捷菜单中选择"新建委派"命令。

（3）在"新建委派向导"对话框中单击"下一步"按钮。在"受委派域名"界面中，输入"委派的域"为"www"，单击"下一步"按钮，如图 4-35 所示。

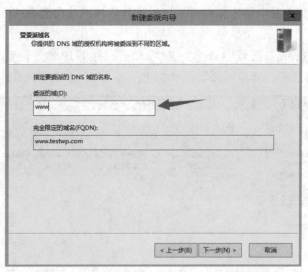

图 4-35　新建"www.testwp.com"的委派

（4）在"名称服务器"界面，单击"添加"按钮，弹出"新建名称服务器记录"对话框。在"新建名称服务器记录"对话框的"服务器完全限定的域名（FQDN）"文本框中输入"Win2012-2"，单击"解析"按钮，等待解析结果，解析完成后会在下方列表中出现该服务器的 IP 地址，如图 4-36 所示。

（5）回到"新建委派向导"对话框，单击"下一步"按钮，接着单击"完成"按钮。

（6）进入客户端（Win2012-3）命令提示符窗口，利用"nslookup"命令查看是否可以解析到"www.testwp.com"，结果如图 4-37 所示。

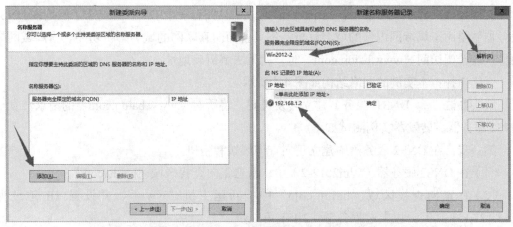

图 4-36 设置受委派的 DNS

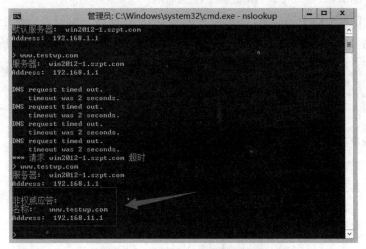

图 4-37 在客户端测试委派设置

4.2.4 转发器的配置

转发器就是将当前 DNS 无法解析的查询请求转发给网络上的其他 DNS，转发原理如图 4-38 所示。当客户端尝试访问"www.baidu.com"时，由于主 DNS 无法解析，就会将请求转发至 DNS1，由 DNS1 进行解析。

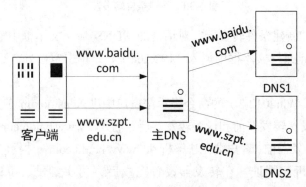

图 4-38 转发原理

实例场景：A 公司拥有一个"szpt.com"域名，且拥有一个 DNS1 服务器，但是该 DNS1 服务器主要用于局域网内部的域名解析，不具备面向互联网的域名解析功能。当局域网内的客户端希望访问"www.baidu.com"时，就无法解析该地址。

网络拓扑：本实例的网络结构如图 4-4 所示。

解决办法：为 DNS1 服务器建立转发机制，将所有"www.baidu.com"的请求转发至 DNS2 服务器。转发器实例测试如下。

第一步：在 DNS2 服务器中建立正向查询区域和主机。

（1）在 DNS2 服务器（Win2012-2）中，新建正向查找区域"baidu.com"。

（2）在正向查找区域"baidu.com"中，新建主机"www"，并设置 IP 地址为"163.177.151.109"，以上过程参考 4.2.1 节第二步。

第二步：在 DNS1 服务器中新建条件转发器。

（1）打开 DNS1 服务器（Win2012-1）的"DNS 管理器"窗口，右键单击"条件转发器"选项，在弹出的快捷菜单中选择"新建条件转发器"命令，如图 4-39 所示。

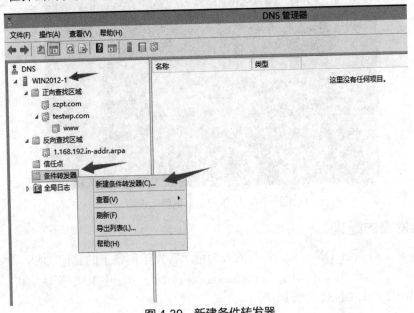

图 4-39　新建条件转发器

（2）在弹出的"新建条件转发器"对话框的"DNS 域"文本框中输入"baidu.com"，在"主服务器的 IP 地址"文本框中输入"192.168.1.1"，单击空白处，然后单击"确定"按钮，如图 4-40 所示。

（3）在客户端（Win2012-3）的命令提示符窗口中进入 nslookup 工具，过程参考 4.2.1 节第二步，分别在设置转发器前和设置转发器后，输入"www.baidu.com"进行测试，如图 4-41 所示。在设置转发器前，客户端无法解析到"www.baidu.com"，提示"request timed out"，表明 DNS 无法解析该网址。在转发器设置完成后，再次尝试，可以看到"名称"为"www.baidu.com"的"Address"为"163.177.151.109"，说明解析成功。

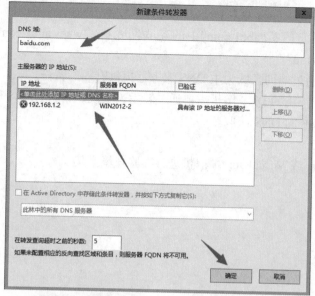

图 4-40　指定"baidu.com"的转发 DNS 地址

(a) 设置转发器前

(b) 设置转发器后

图 4-41　测试结果对比

4.3　本章小结

本章通过实例说明了 DNS 服务的配置、辅助区域的使用、DNS 委派的使用以及转发器的使用。在实际的企业应用中，DNS 服务是基本的网络服务之一，几乎所有的用户互联网访问请求都是通过域名请求实现的。因此，DNS 在互联网中有着非常重要的"翻译功能"。服务器的管理者必须要对 DNS 有清晰的认识，掌握 DNS 的工作原理，合理地设置DNS 的查询方式，将递归、迭代等方式合理结合，为用户提供快速、准确的解析服务，同时还需要做好 DNS 的备份，及时地更新 DNS 服务器数据库。

4.4　章节练习

1. DNS 的作用是什么？
2. 简述域名空间的层次结构。
3. DNS 的查询方式有几种，原理是什么？
4. 实战：搭建 DNS 服务器。

（1）企业需求

A 公司的域名为"abc1.com"，现要求利用 Windows Server 2012 部署 DNS 服务器。具体要求如下。

- ➢ 部署两台 DNS，一台为主 DNS，另一台为辅助 DNS。
- ➢ 主 DNS 负责解析"abc1.com"中的互联网主机 "www.abc1.com" 和邮件服务器 "mail.abc1.com"。
- ➢ 辅助 DNS 通过辅助区域为主 DNS 服务器提供有效的备份。
- ➢ 对企业外部环境的 DNS 解析需要通过转发来实现，外部的 DNS 服务器地址可通过查阅当地 ISP 的 DNS 获取。

（2）实验环境

可采用 VMware 或 VirtualBox 虚拟机进行实验环境搭建。

第❺章 IIS

本章要点

- 掌握 IIS 的功能。
- 掌握 IIS 服务器配置。
- 了解 IIS 网站的访问控制。

Web 站点是一种基于超文本和 HTTP 的、全球性的、动态交互的、跨平台的分布式图形信息系统，是建立在 Internet 上的一种网络服务，为浏览者在 Internet 上查找和浏览信息提供了图形化的、易于访问的直观界面。它是互联网的主要应用之一，大多数互联网应用都离不开 Web 站点技术。IIS 是微软提供的互联网基本服务，其主要的功能就是进行 Web 站点的发布，是目前主流的网站发布工具。本章首先介绍 IIS 的概念以及 IIS 提供的基本服务，然后通过实例介绍 IIS 服务器的配置、IIS 的访问控制技术以及基于 IIS 的网站日常维护。

5.1 IIS 概述

5.1.1 IIS 功能概述

互联网信息服务（Internet Information Services，IIS）是由微软公司提供的基于运行 Microsoft Windows 的互联网基本服务。利用 IIS 可以提供万维网（WWW）服务、文件传输协议（FTP）服务、网络新闻传输协议（NNTP）服务和简单邮件传输协议（SMTP）服务等，下面分别进行介绍。

（1）万维网（World Wide Web，WWW）服务，下文简称 Web 服务，主要功能是提供网上信息浏览服务，是应用最广泛的互联网服务，目前所有的网页都是利用该技术进行发布的。

（2）文件传输协议（File Transfer Protocol，FTP）服务，主要为用户提供文件传输服务，用户可以利用该服务在 FTP 服务器上进行文件的存储和访问。

（3）网络新闻传输协议（Network News Transfer Protocol，NNTP）服务，通过 Internet 使用可靠的基于流的新闻传输，提供新闻的分发、查询、检索和投递。

（4）简单邮件传输协议（Simple Mail Transfer Protocol，SMTP）服务，主要用于邮件的发送和接收。

5.1.2　IIS 的 Web 服务原理

作为 IIS 提供的主要服务，Web 服务是一种可以接收从 Internet 或者 Intranet 上的其他系统传递过来的请求，轻量级的独立通信技术。Web 服务有以下两层含义。

➤ 封装成单个实体并发布到网络上的功能集合体。

➤ 功能集合体被调用后所提供的服务。

简单地讲，Web 服务是一个统一资源定位系统（Uniform Resource Locator，URL）资源，客户端可以通过浏览器发送请求，从而得到服务，而不需要知道所请求的服务怎样实现。它使用 HTTP 方式完成客户端与服务端的通信。

5.2　IIS 服务器配置实例

实例场景：A 公司拥有两个域名，分别为"www.web1.com""www.web2.com"，然而该公司资源紧张，没有充裕的服务器将两个域名绑定到不同的服务器上。该如何处理？其中 web2 站点是一个备用站点，其作用是当 web1 站点无法正常工作时，用以替换 web1 站点，该如何设置？

网络拓扑：图 5-1 所示为本实例的网络拓扑。IIS 服务器的主机名为 Win2012-1，IP 为 192.168.1.1。客户端的主机名为 Win2012-2，IP 为 192.168.1.2。

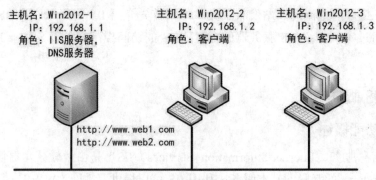

图 5-1　IIS 实例网络拓扑

解决办法：在 Win2012-1 中配置 IIS 服务器，并添加 Web 服务。建立两个站点，分别为"www.web1.com""www.web2.com"。当 web1 站点出现故障或者需要停用时，利用重定向功能，将所有 web1 站点的请求重定向至 web2 站点。站点的解析需要 DNS 服务器的支持，否则无法正常访问，因此要在 DNS 服务器中建立对以上两个域名的解析。具体操作过程如下。

第一步：部署 DNS 服务器。

（1）在 Win2012-1 上部署 DNS 服务器，并建立两个正向查找区域，分别是"web1.com""web2.com"，结果如图 5-2 所示，操作过程请参照本书 4.2.1 节第一步和第二步。

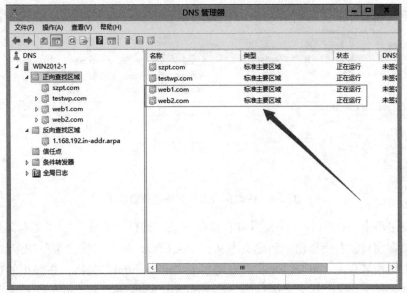

图 5-2 配置 DNS 正向查找区域

（2）为正向查找区域"web1.com"新建主机"www"，IP 地址指向"192.168.1.1"；为正向查找区域"web2.com"新建主机"www"，IP 地址指向"192.168.1.2"。操作步骤参考本书 4.2.1 节第二步。"web1.com"的主机新建结果如图 5-3 所示。

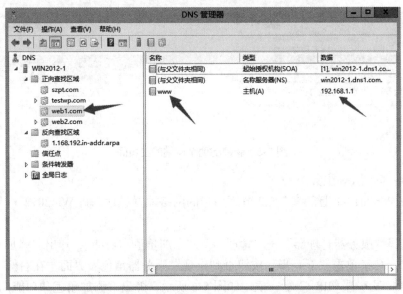

图 5-3 为 DNS 的正向查找区域"web1.com"新建主机"www"

第二步：建立网站主目录文件夹及网站主文件。

（1）打开 Win2012-1 的 C 盘，右键单击窗口右侧空白处，选择"新建"→"文件夹"命令，新建"web1"文件夹，进行同样的操作，新建"web2"文件夹。

（2）进入"web1"文件夹，单击窗口上方的"查看"选项卡，勾选"文件扩展名"复选框，如图 5-4 所示，以查看系统中的文件扩展名。

图 5-4　修改系统文件扩展名查看设置

（3）右键单击"web1"文件夹窗口右侧空白处，选择"新建"→"文本文档"选项。回到"web1"窗口，右键单击"新建文本文档"文档，在弹出的快捷菜单中选择"重命名"命令，修改文档名称为"index.html"。右键单击"index.html"文档，在弹出的快捷菜单中选择"编辑"命令，修改其文本内容为"Welcome to Website 1 !"，并依次单击菜单栏中的"文件"→"保存"选项。

（4）以同样的方式，在"web2"文件夹中，建立内容为"Welcome to Website 2 !"的"index.html"文档。利用 IE 浏览器，分别打开"web1"文件夹和"web2"文件夹中的"index.html"文档，结果如图 5-5 所示。

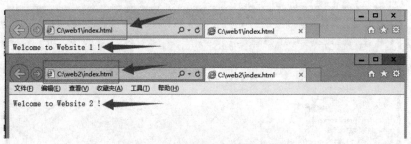

图 5-5　新建的两个网站的主页面

第三步：配置 IIS 服务。

（1）在 Win2012-1 上，参考 2.2 节第一步的网络配置过程，将 Win2012-1 的 IP 地址设置为"192.168.1.1"。

（2）选择"服务器管理器"→"管理"→"添加角色和功能"，弹出"添加角色和功能向导"窗口，持续单击"下一步"按钮直到出现"服务器角色"界面，在右侧"角色"栏中勾选"Web 服务器（IIS）"复选框，如图 5-6 所示，弹出"添加角色和功能向导"窗口，单击"添加功能"按钮。持续单击"下一步"按钮，直到出现"角色服务"界面。

（3）在"角色服务"界面，分别勾选"安全性""常见 HTTP 功能""性能""运行状况和诊断""管理工具"等选项中的相应复选框，如图 5-7 所示，单击"下一步"按钮。在"确认"界面单击"安装"按钮，完成安装。

（4）单击"服务器管理器"→"工具"→"Internet Information Services（IIS）管理器"选项，打开"Internet Information Services（IIS）管理器"窗口。

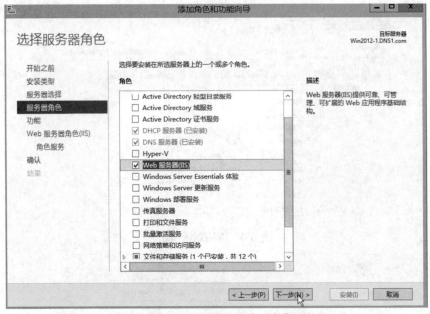

图 5-6 勾选 "Web 服务器（IIS）" 复选框

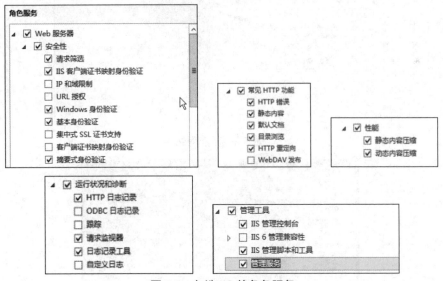

图 5-7 勾选 IIS 的角色服务

（5）双击左侧 "WIN2012-1" 选项，右侧窗格出现 "WIN2012-1 主页" 界面。再次双击左侧 "WIN2012-1" 选项，双击 "网站" 选项，右键单击 "网站" 文件夹下的 "Default Web Site" 选项，在弹出的快捷菜单中选择 "管理网站" → "停止" 命令，如图 5-8 所示。

（6）在 "网站" 界面，右键单击空白处，在弹出的快捷菜单中选择 "添加网站" 命令，如图 5-9 所示。

（7）在 "添加网站" 对话框中设置 "网站名称" 为 "web1"，将 "物理路径" 指向之前创建的文件夹 "C:\web1"，将 "IP 地址" 设置为 "192.168.1.1"，"主机名" 设置为 "www.web1.com"，勾选 "立即启动网站" 复选框，单击 "确定" 按钮，如图 5-10 所示。

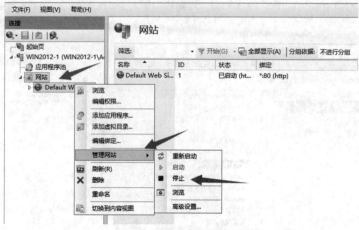

图 5-8 停用默认网站

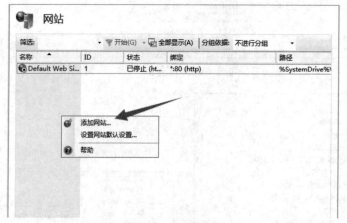

图 5-9 新建网站

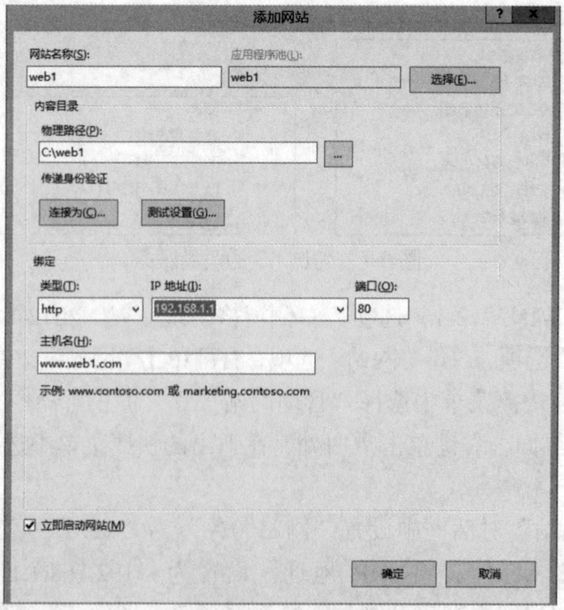

图 5-10 设置网站

（8）在"Internet Information Services（IIS）管理器"窗口中，单击左侧列表中新建的 web1 网站，双击"web1 主页"的"默认文档"图标，单击右侧工具栏中的"添加"链接，在弹出的"添加默认文档"对话框中输入"index.html"，单击"确定"按钮（如果文档已存在，可忽略此步骤），如图 5-11 所示。选择"Default.htm"列表项，单击右侧工具栏中的"删除"按钮，并用同样方法删除其他文档，最后仅保留"index.html"文档。

图 5-11　添加默认文档

（9）在客户端（Win2012-2）中，配置网络 IP 地址为"192.168.1.2"，DNS 服务器为"192.168.1.1"，配置步骤参考 2.2 节第一步。单击"开始"→"Internet Explorer"选项，打开 IE 浏览器。单击浏览器右上角齿轮图标，单击"Internet 选项"选项，弹出"Internet 选项"对话框。依次单击"安全"→"受信任的站点"→"站点"按钮，在弹出的"受信任的站点"对话框中，分别输入"www.web1.com""www.web2.com"，并单击"添加"按钮，如图 5-12 所示。

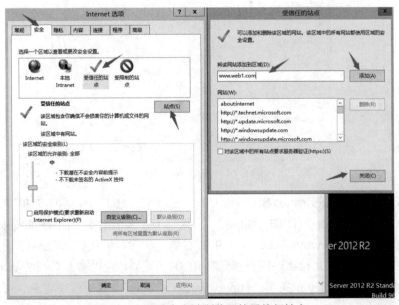

图 5-12　配置客户端浏览器的受信任站点

（10）在浏览器上方地址栏中输入"www.web1.com"访问网站，如图5-13所示。

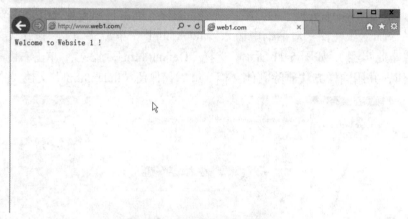

图5-13　在客户端中访问网站

第四步：测试HTTP重定向。

（1）在IIS服务器（Win2012-1）中，建立第二个网站web2，物理文件夹指向"C:\web2"，IP地址设置为"192.168.1.1"，如图5-14所示。步骤参看5.2节第三步。将默认文档设置为"index.html"，删除其他默认文档。

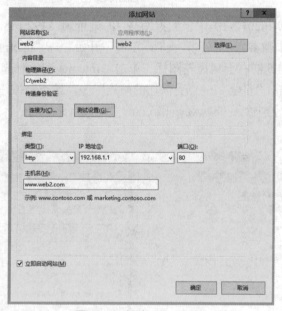

图5-14　新建web2网站

（2）在"Internet Information Services（IIS）管理器"窗口中，双击左侧"web1"选项进入"web1主页"，双击"HTTP重定向"图标，勾选"将请求重定向到此目标"复选框，在文本框中输入"http://www.web2.com"，单击右侧"应用"链接，如图5-15所示。

（3）在客户端（Win2012-2）中进行测试。在IE浏览器地址栏输入"http://www.web1.com"并按Enter键，查看是否重定向至"http://www.web2.com"（如果没有更新，可以尝试对页面进行刷新）。

图 5-15　HTTP 重定向设置

第五步：测试虚拟目录。

物理目录是指在服务器中的具体文件夹路径地址虚拟目录则是一个相对路径，通过与物理目录建立连接实现访问，相当于一个"别名"。其好处在于，可以把网站放在任意目录中，而不必一定放在网站的主目录下。

（1）在 IIS 服务器（Win2012-1）中，打开"Internet Information Services（IIS）管理器"窗口，右键单击"web1"图标，在弹出的快捷菜单中选择"添加虚拟目录"命令，如图 5-16 所示。在此过程中，记得取消之前的 HTTP 重定向（5.2 节第四步操作）。

（2）在弹出的"添加虚拟目录"对话框中输入"别名"为"web1_xn"，"物理路径"为"C:\web1"，单击"确定"按钮，如图 5-17 所示。

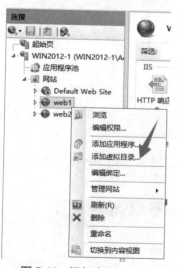

图 5-16　添加虚拟目录

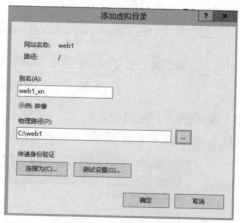

图 5-17　添加虚拟目录

（3）在客户端（Win2012-2）中，打开 IE 浏览器，输入"http://www.web1.com/web1_xn/"，查看网站是否可以正常访问，如图 5-18 所示。

在虚拟目录的设置中，虚拟目录指定的物理路径，可以是服务器本身的存储路径，也可以是网络中的物理路径，该功能为网站的目录管理提供了极大的灵活性。

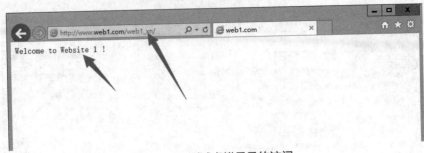

图 5-18　测试虚拟目录的访问

第六步：修改网站的访问端口。

（1）在 IIS 服务器（Win2012-1）中，再次选择"web1"网站，在右侧工具栏中，单击"绑定"链接。在弹出的"网站绑定"对话框中单击主机名为"www.web1.com"的记录，单击"编辑"按钮，在弹出的"编辑网站绑定"对话框的"端口"文本框中输入"8001"，单击"确定"按钮，如图 5-19 所示。

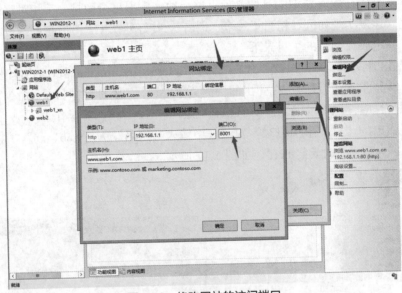

图 5-19　修改网站的访问端口

（2）在客户端（Win2012-2）中，打开 IE 浏览器，输入"http://www.web1.com:8001/"进行测试，结果如图 5-20 所示。

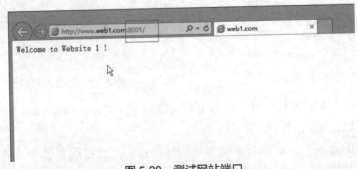

图 5-20　测试网站端口

第七步：修改网站 IP。

（1）在 IIS 服务器（Win2012-1）上，添加第二个 IP 地址，设置为"192.168.1.100"。添加方式参考 2.2 节第一步，设置后的结果如图 5-21 所示。

图 5-21　添加第二个 IP 地址

（2）在"Internet Information Services（IIS）管理器"窗口中，右键单击 web2 网站，在弹出的快捷菜单中选择"编辑绑定"命令，在弹出的"网站绑定"对话框中选择"www.web2.com"记录，单击"编辑"按钮，修改"web2"网站，在"编辑网站绑定"对话框中将"IP 地址"设置为"192.168.1.100"，如图 5-22 所示。单击"确定"按钮。

图 5-22　修改 web2 的 IP 地址

（3）在 DNS 服务器（Win2012-1）中，将 web2 的域名主机 IP 地址修改为"192.168.1.100"，过程参考 4.2.1 节第二步。

（4）在客户端（Win2012-2）的命令提示符窗口中，输入"ipconfig /flushdns"，按 Enter 键，刷新 DNS 缓存，然后利用 IE 浏览器访问"www.web2.com"。

5.3　IIS 网站的访问控制

访问控制技术是指防止对资源进行未授权的访问，使资源在合法的范围内使用。具体来说，访问控制技术可以决定有哪些用户，用户可以访问哪些资源，对这些资源具备什么级别的操作。IIS 拥有多样的访问控制技术，可以满足多数的访问控制需求。

IIS 网站默认允许所有用户连接，如果要设置网站只针对特定用户开放，就需要对用户进行验证，而进行验证的主要方法包括匿名身份验证、基本身份验证、Windows 身份验证和摘要式身份验证。系统默认只启用了匿名身份验证，另外 3 种验证方式需要在添加角色服务的过程中添加。这几种身份验证也有优先级次序，优先级最高的是匿名身份验证，其次是 Windows 身份验证，接着是摘要式身份验证，最后是基本身份验证。

5.3.1　匿名身份验证

匿名身份验证不验证访问用户的身份，客户端不需要提供任何身份验证的凭据。

实例场景：A 公司拥有一个网站，该网站主要用来发布企业公告和日常信息，且该网站希望为访问者提供最快捷的信息发布服务。

网络拓扑：本实例网络拓扑如图 5-1 所示。

解决办法：利用 IIS 发布该网站。由于该网站信息内容单一，用户只需要阅读网站内容，无需其他权限，所以可以利用匿名身份验证的方式进行用户管理。

下面介绍 IIS 匿名身份验证的设置。

（1）进入 IIS 服务器（Win2012-1），打开"Internet Information Services（IIS）管理器"窗口，修改 web1 网站的端口为"80"，修改方法参照 5.2 节第六步。双击左侧"web1"选项，进入"web1 主页"。在"web1 主页"选择"身份验证"，如图 5-23 所示。

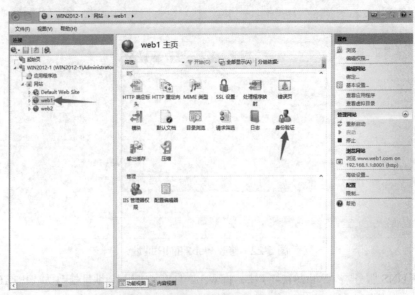

图 5-23　双击"身份验证"图标

（2）在"身份验证"界面的列表中选择"匿名身份验证"列表项，查看该项状态是否为"已启用"，如果不是，则单击右侧"操作"栏中的"启用"链接，如图5-24所示。

图5-24 启用匿名身份验证

5.3.2 基本身份验证

基本身份验证是将用户名和密码用明文传送到服务器，服务器验证用户名是否存在，并检测密码是否正确，如果完全匹配则通过验证。

实例场景：A公司拥有一个网站，该站点有严格的安全策略要求，只有网站的管理员才能够访问。这种情况下，如果采用匿名身份验证则不能满足安全策略的要求，该如何解决？

解决办法：利用IIS的访问控制技术，将该网站设置为基本身份验证的方式，具体操作如下。

（1）在IIS服务器（Win2012-1）中，双击图5-23所示的"身份验证"图标，并将"匿名身份验证"禁用，同时启用"基本身份验证"，操作方法参考5.3.1节，结果如图5-25所示。

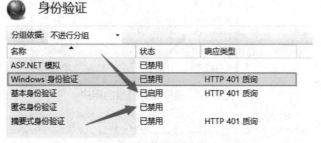

图5-25 启用基本身份验证

（2）双击左侧"web1"选项，返回"web1主页"，选择"IIS管理器权限"，如图5-26所示。

（3）在"IIS管理器权限"界面，单击右侧工具栏的"允许用户"链接。在弹出的"允许用户"对话框中选择"Windows"单选按钮，单击"选择"按钮；在弹出的"选择用户或组"对话框的"输入要选择的对象名称"文本框中，输入"Administrator"，单击"确定"按钮，如图5-27所示。

（4）在客户端（Win2012-2）中，打开IE浏览器，尝试访问"www.web1.com"，会弹出"Windows安全"对话框，输入刚在IIS服务器中授权的"Administrator"及其密码后，可正常访问该网站，如图5-28所示。

图 5-26 双击"IIS 管理器权限"图标

图 5-27 选择允许登录的用户

图 5-28 基本身份验证下的 Web 页面访问

5.3.3　Windows 身份验证

Windows 身份验证使用 Kerberos v5 验证和 NTLM 验证两种方式。在"身份验证"窗口中选择启用"Windows 身份验证"即可，操作过程可参考 5.3.1 节，操作结果如图 5-29所示。开启以后，用户在客户端的浏览器中，需输入服务器上的合法用户名和密码才能正常访问页面。这种验证方式是最适用于 Intranet 的身份验证方式。

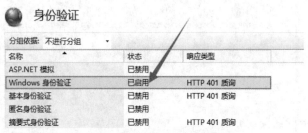

图 5-29　启用 Windows 身份验证

5.3.4　摘要式身份验证

摘要式身份验证与基本身份验证一样需要输入账户密码，但是比基本身份验证安全，因为摘要式身份验证的用户名和密码需要使用 MD5 加密。此外，使用摘要式身份验证必须具备以下 3 个条件。

➢ 浏览器支持 HTTP 1.1。

➢ IIS 服务器必须是 Windows 域控制器成员服务器或者域控制器。

➢ 用户登录账户必须是域控制器账户且是 IIS 服务器所信任的域成员。

5.3.5　IP 地址和域限制

实例场景：A 公司拥有一个网站，该网站是重要的人事档案网站，并且按照公司的要求，需要有一定的保密级别。公司内部有多个局域网，公司管理者希望部门的 IP 地址段不能访问该网站，有什么办法可以通过 IP 限制的方式管理网站的访问权限？

解决办法：IIS 服务器支持通过 IP 限制对网站的访问。此功能需要在 IIS 的功能角色中勾选，默认没有安装。

配置过程如下。

（1）利用"添加角色和功能向导"，在"服务器角色"界面，依次展开"Web 服务器（IIS）"→"Web 服务器"→"安全性"选项，勾选"IP 和域限制"复选框，如图 5-30 所示。其余操作过程参考 5.2 节第三步。

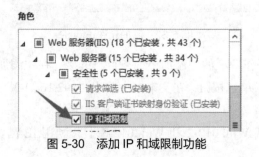

图 5-30　添加 IP 和域限制功能

（2）在 IIS 服务器（Win2012-1）中，打开"Internet Information Services（IIS）管理器"窗口，进入"web1 主页"，选择"IP 地址和域限制"，如图 5-31 所示。

图 5-31 选择"IP 地址和域限制"

（3）单击右侧"操作"栏的"添加允许条目"链接，在"添加允许限制规则"对话框中选择"特定 IP 地址"单选按钮，在文本框中输入"192.168.1.2"，单击"确定"按钮，如图 5-32 所示。

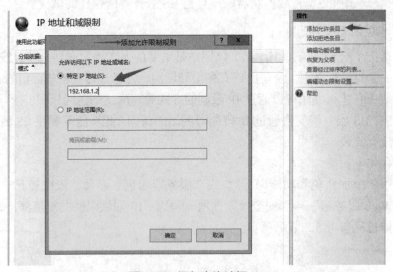

图 5-32 添加允许访问 IP

（4）单击右侧"操作"栏的"添加拒绝条目"链接，在"添加拒绝限制规则"对话框中选择"特定 IP 地址"单选按钮，在文本框中输入"192.168.1.3"，单击"确定"按钮，如图 5-33 所示。

（5）分别在客户端 Win2012-2 和 Win2012-3 上，利用 IE 浏览器，浏览网站"www.

web1.com"，查看是否可以登录，如图 5-34 所示。左侧图为 Win2012-2 访问结果，说明可以正常打开网站"www.web1.com"，右侧图为 Win2012-3 访问结果，说明 IP 被禁止访问。

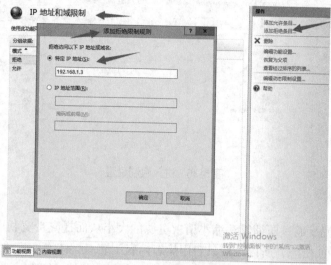

图 5-33　添加拒绝访问 IP

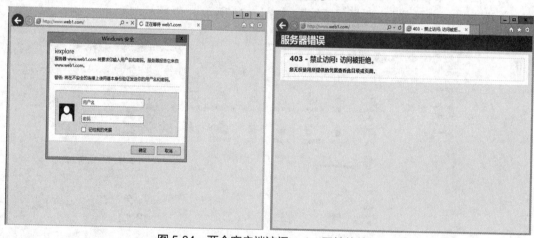

图 5-34　两个客户端访问 web1 网站的结果

5.4　IIS 下网站的维护

5.4.1　带宽、访问数量限制

网站的带宽与访问数量在网站的日常维护中非常重要，网站管理员需要合理地设置当前网站的带宽与访问数量。

设置过程如下。

（1）在 IIS 服务器（Win2012-1）中，打开"Internet Information Services（IIS）管理器"窗口，进入"web1 主页"，单击右侧"操作"栏的"限制"链接，如图 5-35 所示。

（2）按需求，设置相应的带宽和连接限制。

图 5-35　进入限制设置

5.4.2　压缩

HTTP 压缩就是通过压缩算法缩小请求资源的大小从而提高带宽利用率，然而压缩动态内容会浪费 CPU 资源，所以一般只启用静态内容压缩。具体操作步骤如下。

（1）在 IIS 服务器（Win2012-1）中，打开 "Internet Information Services（IIS）管理器"窗口，进入 "web1 主页"，选择 "压缩"，如图 5-36 所示。

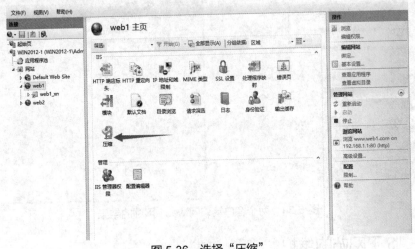

图 5-36　选择 "压缩"

（2）在 "压缩" 界面，勾选 "启用静态内容压缩" 复选框，可启用静态内容压缩功能，如图 5-37 所示。

图 5-37　启用静态内容压缩

5.4.3 日志

日志可以方便网站管理员实时查看网站的运行状况，并且可以查询日志中异常事件。

（1）在 IIS 服务器（Win2012-1）中，打开"Internet Information Services（IIS）管理器"窗口，进入"web1 主页"，选择"日志"，进行网站日志的设置，如图 5-38 所示。

图 5-38 选择"日志"

（2）在"日志"界面，可根据需要设置网站的日志，如图 5-39 所示。

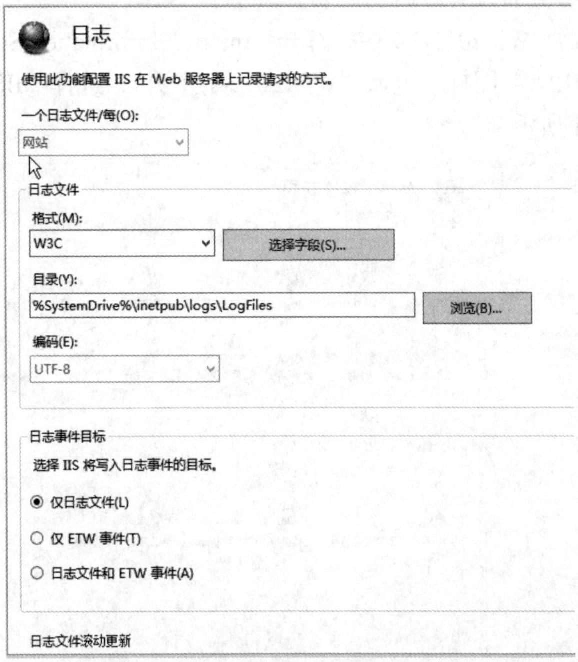

图 5-39 日志设置

（3）双击桌面工具栏的文件夹图标，打开"Windows 文件浏览器"窗口，打开默认的日志存放路径"C:\inetpub\logs\LogFiles"，双击进入"W3SVC2"文件夹，可以查看生成的日志文件，图 5-40 所示为一个日志样本。

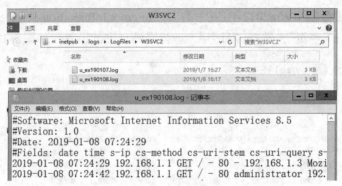

图 5-40　日志样本

5.4.4　远程管理 IIS 与功能委派

实例场景：A 公司有一个网站，该网站为公司的门户网站，要求对外提供 24 小时不间断服务。管理员需要随时待命，查看网站的运行状况。当管理员不在公司时，该如何对网站进行管理？

网络拓扑：本实例网络拓扑如图 5-1 所示。

解决办法：IIS 支持远程管理，但是需要在 IIS 服务器上进行功能委派，并在执行远程管理的主机上安装 IIS 管理工具。本实例中，将 Win2012-1 服务器中的 web 站点委派给 Win2012-2 客户端进行管理。具体操作如下。

第一步：为 IIS 服务器设置开启功能委派。

（1）在 IIS 服务器（Win2012-1）中，打开"Internet Information Services（IIS）管理器"窗口，单击"WIN2012-1"图标，进入"WIN2012-1 主页"，选择"IIS 管理器用户"，进入用户管理，如图 5-41 所示。

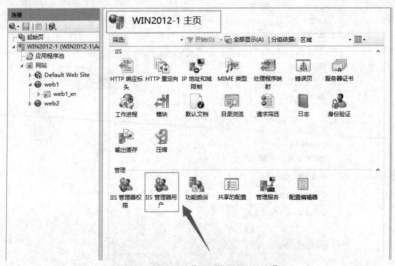

图 5-41　选择"IIS 管理器用户"

（2）在"IIS管理器用户"界面，单击右侧"操作"栏中的"添加用户"链接。在"添加用户"对话框中输入"用户名"为"Administrator"，"密码""确认密码"为系统密码，单击"确定"按钮，如图5-42所示。注意，IIS服务器默认只接受来自具有Windows凭据的账户的连接。

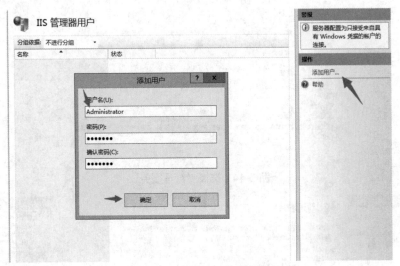

图5-42　设置IIS管理器用户

（3）双击左侧"WIN2012-1"选项，在"WIN2012-1主页"界面，选择"功能委派"，如图5-43所示。设置功能委派，对需要进行远程管理的功能进行授权，此处为默认设置。

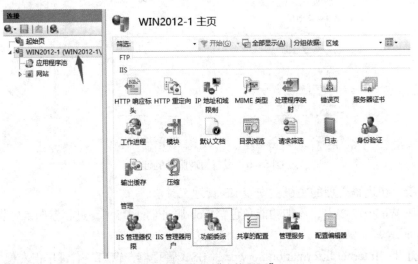

图5-43　选择"功能委派"

（4）回到"WIN2012-1主页"界面，选择"管理服务"，如图5-44所示。

（5）在"管理服务"界面，勾选"启用远程连接"复选框，选择"仅限于Windows凭据"单选按钮，在"IP地址"文本框中输入"192.168.1.1"，"端口"为"8172"，如图5-45所示，然后单击右侧的"应用"链接，启动管理服务。

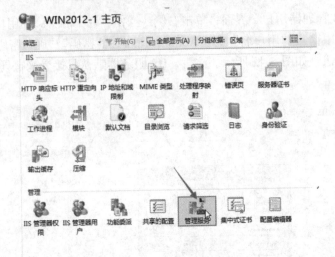

图 5-44　选择"管理服务"

图 5-45　设置管理服务的连接

第二步：在远程管理的主机上安装 IIS 管理工具。

（1）在 Win2012-2 中，添加功能角色"Web 服务器（IIS）"，过程参照 5.2 节第三步，如图 5-46 所示。

（2）打开"Internet Information Services（IIS）管理器"窗口，右键单击左侧"起始页"选项，在弹出的快捷菜单中选择"连接至服务器"命令，如图 5-47 所示。

（3）在"连接至服务器"对话框中输入"服务器名称"为"192.168.1.1:8172"，单击"下一步"按钮，如图 5-48 所示。

（4）输入"用户名""密码"（即 Administrator 及其密码），单击"下一步"按钮，如图 5-49 所示。

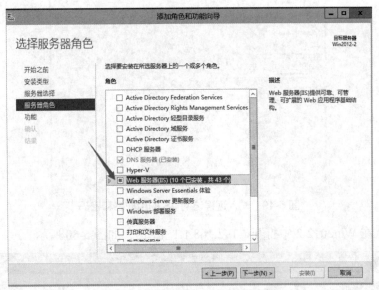

图 5-46 客户端添加 IIS 管理工具

图 5-47 选择"连接至服务器"选项

图 5-48 输入服务器名称

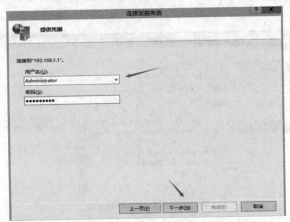

图 5-49　输入远程访问 IIS 的用户名和密码

（5）尝试在 Win2012-2 中打开"192.168.1.1 主页"，如图 5-50 所示。

图 5-50　完成远程连接"192.168.1.1"

5.5　本章小结

　　本章首先介绍了 IIS 的概念及其功能，接着通过实例介绍了如何配置 IIS 服务器、如何利用 IIS 架设网站、如何使用 IIS 的 HTTP 重定向、如何使用虚拟目录功能，并详细介绍了 IIS 网站的访问控制。IIS 是 Windows 操作系统中最主要的互联网管理工具，是 Windows Server 2012 R2 中的核心角色之一。它提供了 Web 服务、FTP 服务、SMTP 服务等，它还是基于 ASP.NET 的网页最佳发布平台，是目前主流的 Web 管理工具之一。作为服务器的管理员，需要熟练掌握 IIS，学会 IIS 服务器配置、日常维护以及各种用户访问控制，完成不同需求下的站点部署。

5.6　章节练习

　　1. IIS 的作用是什么？

2. 同一台服务器有几种方法建立不同的网站?

3. IIS 的身份验证有几种?有何区别?

4. 简述如何远程管理 IIS 服务器。

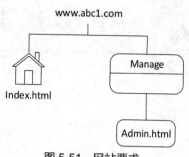

图 5-51 网站要求

5. 实战:搭建 IIS 服务器。

(1)企业需求

A 公司拥有一个网站,现要求采用 Windows Server 2012 R2 下的 IIS 进行部署,要求如图 5-51 所示,具体介绍如下。

① 网站 "www.abc1.com" 具有两个页面,主页 "Index.html" 以及 "Manage" 目录下的 "Admin.html" 页面。

② "Index.html" 页面是公共页面,可以由用户匿名访问。

③ "Admin.html" 是后台管理页面,只有管理员用户才能访问,要求采用基本身份验证。

④ 网站要求开通远程管理功能,在客户端可以通过 IIS 管理器远程访问 IIS。

(2)实验环境

可采用 VMware 或 VirtualBox 虚拟机进行实验环境搭建。

第6章 FTP 服务

本章要点

- 了解 FTP 的功能及工作原理。
- 掌握 FTP 服务器配置。
- 掌握 FTP 身份验证方式。

文件的访问共享是最普遍的需求，客户端利用网络访问服务器，可以获取文件。在众多的文件共享技术中，FTP 的应用最为广泛。它可根据实际需要设置各用户的使用权限，还具有跨平台的特性，是网络中经常采用的资源共享方式之一。本章首先介绍 FTP 的功能、工作原理，然后通过实例介绍 FTP 的基本配置、FTP 身份验证配置及用户隔离方法。

6.1 FTP 服务概述

6.1.1 FTP 的功能

文件传送协议（File Transfer Protocol，FTP）是在 Internet 上控制文件双向传输的协议。同时，它也是一个应用程序，用户可以通过它将自己的计算机与世界各地所有运行 FTP 的服务器相连。FTP 允许用户在计算机之间传送文件，且文件的类型不限，可以是文本文件、可执行文件、声音文件、图像文件、数据压缩文件等。

FTP 是基于 TCP 的服务，不支持 UDP，它采用两个 TCP 连接来传输一个文件。

➢ 命令连接：TCP 端口通常为 21，用来在 FTP 客户端与服务器之间传递命令。

➢ 数据连接：TCP 端口通常为 20，用来上传或下载数据。

6.1.2 FTP 的工作原理

FTP 的连接有两种模式：主动模式和被动模式。无论是何种模式，由于其采用 TCP，所以必须建立可靠的连接，也就是经过"三次握手"，然后建立控制连接。FTP 的控制连接请求总是由客户端向服务器发起的。

（1）主动模式

主动模式（Port）的 FTP 通信过程如图 6-1 所示，具体过程如下。

客户端通过端口（Port）A（端口由客户端定义），向服务器的端口 21 发起连接请求，经过三次握手后，成功建立控制连接。

客户端告知服务器，它的数据连接端口是 B，并发送数据传输请求。

服务器通过端口 20 向客户端发送数据。

（2）被动模式

被动模式（Passive）的 FTP 通信过程如图 6-2 所示，具体步骤如下。

客户端通过端口 A 向服务器的端口 21 发起连接请求，经过三次握手建立控制连接。

客户端向服务器发送一个 PASV（Passive 简写），表示进行被动传输，数据通道的建立是由客户端向服务器发起的，此时客户端需要知道连接到服务器的哪一个端口，服务器告知客户端被动模式数据端口 X。

客户端向服务器的端口 X 发起连接，建立数据通道。

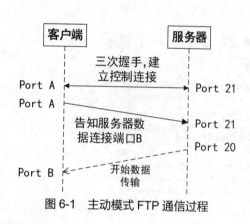

图 6-1　主动模式 FTP 通信过程　　　图 6-2　被动模式 FTP 通信过程

6.2　FTP 服务器配置实例

实例场景：A 公司的许多文件及应用程序需要共享，且涉及权限问题，因而不同的用户对访问目录应具有不同的访问权限。例如，部门经理可以发布共享文件，员工则只能复制和查阅文件，而不能删除或者修改文件。Windows 本身的文件共享服务无法提供断点续传，传输过程也不稳定，此外还存在安全隐患。

网络拓扑：本实例的网络拓扑图如图 6-3 所示。

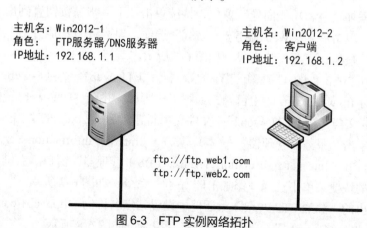

主机名：Win2012-1
角色：　　FTP服务器/DNS服务器
IP地址：192.168.1.1

主机名：Win2012-2
角色：　　客户端
IP地址：192.168.1.2

ftp://ftp.web1.com
ftp://ftp.web2.com

图 6-3　FTP 实例网络拓扑

FTP 服务器 Win2012-1，IP 为 192.168.1.1。客户端 Win2012-2，IP 为 192.168.1.2。

解决办法：将 Win2012-1 创建为 FTP 服务器，针对不同的用户设置不同的管理权限，提供稳定、安全的文件共享服务。

6.2.1 FTP 的基本配置

第一步：建立 DNS 解析服务。

需要在局域网的内部建立 DNS 解析，这样就可以使用户通过 FTP 的域名完成对该服务器的访问。

在 Win2012-1 上安装 DNS 服务，并建立正向查找区域"web1.com""web2.com"，分别在两个区域中创建主机名为"ftp"的主机，过程参考 4.2.1 节第一步和第二步，结果如图 6-4 所示。

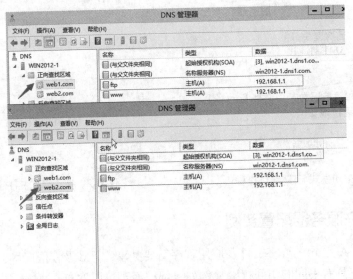

图 6-4 FTP 实例的 DNS 管理器设置

第二步：安装 FTP 服务。

（1）在 Win2012-1 中，依次单击"服务器管理器"→"管理"→"添加角色和功能"选项，弹出"添加角色和功能向导"窗口，持续单击"下一步"按钮直到出现"选择服务器角色"界面，单击展开"Web 服务器（IIS）"选项，勾选"FTP 服务器"复选框，持续单击"下一步"按钮，直至安装完成，如图 6-5 所示。

（2）在 Win2012-1 的 C 盘新建两个文件夹"FTP-web1""FTP-web2"，分别作为 ftp.web1.com 与 ftp.web2.com 的主目录，如图 6-6 所示。并在"FTP-web1"文件夹中新建名为"1.txt"的文档，在"FTP-web2" 文件夹中新建名为"2.txt"的文档。

（3）依次单击"服务器管理器"→"工具"→"Internet Information Services（IIS）管理器"选项，打开"Internet Information Services（IIS）管理器"窗口。右键单击"网站"选项，在弹出的快捷菜单中选择"添加 FTP 站点"命令，如图 6-7 所示。

（4）在弹出的"添加 FTP 站点"对话框中设置站点名称为"ftp.web1.com"，选择站点的物理路径为"C:\FTP-web1"，单击"下一步"按钮，如图 6-8 所示。

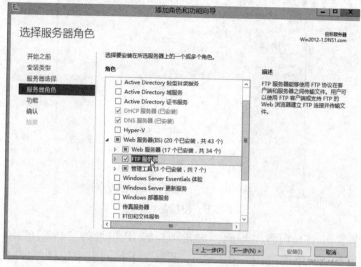

图 6-5　安装 FTP 服务

图 6-6　新建两个文件夹

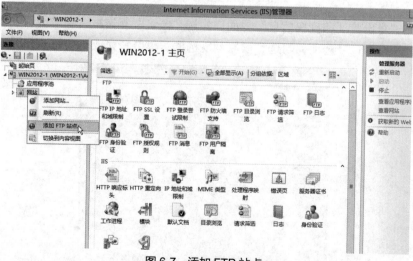

图 6-7　添加 FTP 站点

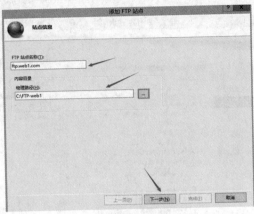

图 6-8　设置站点信息

（5）在"绑定和 SSL 设置"界面，设置站点的 IP 地址为"192.168.1.1"，采用默认端口。选择"允许 SSL"单选按钮，在"SSL 证书"下拉列表中选择"WMSVC"选项，如图 6-9 所示。单击"下一步"按钮。

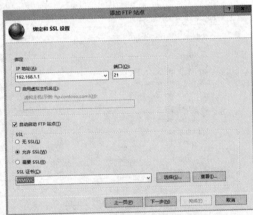

图 6-9　设置 FTP 的 IP 地址

（6）在"身份验证和授权信息"界面，勾选"匿名"复选框，在"允许访问"下拉列表中选择"所有用户"选项，勾选"读取"复选框，单击"完成"按钮，如图 6-10 所示。

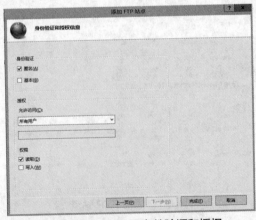

图 6-10　设置 FTP 身份验证和授权

（7）双击左侧"网站"选项，单击"ftp.web1.com"选项展开"ftp.web1.com 主页"界面，如图 6-11 所示。

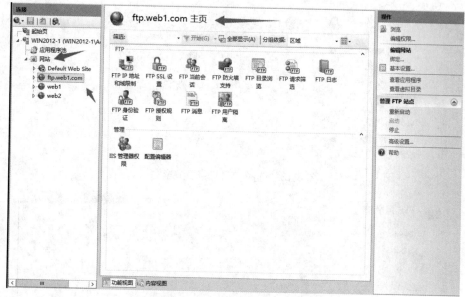

图 6-11　ftp.web1.com 主页

（8）在客户端（Win2012-2）中，在桌面工具栏单击文件夹图标，打开"文件资源管理器"，在"文件资源管理器"的地址栏输入"ftp://ftp.web1.com"后，按 Enter 键。结果如图 6-12 所示（如果无法连接，需在 FTP 服务器和客户端中关闭防火墙）。

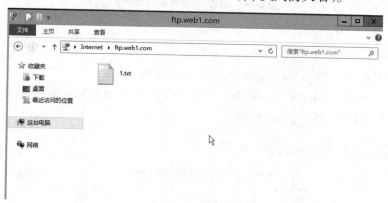

图 6-12　测试连接 FTP

第三步：FTP 站点基本配置。

（1）在"ftp.web1.com 主页"界面选择"FTP 目录浏览"，如图 6-13 所示，进行相应的设置。该项设置可以配置用户登录 FTP 站点时能看到的信息。

（2）在"FTP 目录浏览"界面，勾选"虚拟目录""可用字节""四位数年份"等复选框。在右侧的"操作"栏中，单击"应用"链接，如图 6-14 所示。

（3）在客户端中利用"文件资源管理器"访问 ftp://ftp.web1.com，过程参考 6.2.1 节第二步。

图 6-13　选择"FTP 目录浏览"

图 6-14　设置 FTP 目录列表选项

第四步：设置 IP 限制。

IP 限制可以实现以 IP 地址为控制目标的站点访问控制。例如，可以允许某个 IP/IP 段对本站点的访问，也可禁止某个 IP/IP 段对本站点的访问。

（1）在"ftp.web1.com 主页"界面，选择"FTP IP 地址和域限制"，如图 6-15 所示，进入"FTP IP 地址和域限制"界面。

图 6-15　选择"FTP IP 地址和域限制"

（2）单击"添加允许条目"链接，如图 6-16 所示。

图 6-16　单击"添加允许条目"链接

（3）在"添加允许限制规则"对话框中，设置"特定 IP 地址"为"192.168.1.2"，单击"确定"按钮，如图 6-17 所示。

图 6-17　设置允许访问 FTP 的特定地址

第五步：设置 FTP 日志。

（1）在"ftp.web1.com 主页"界面，选择"FTP 日志"，如图 6-18 所示，进入"FTP 日志"界面。

图 6-18　选择"FTP 日志"

（2）如图 6-19 所示，分别设置日志的存放路径和日志文件更新的频率。

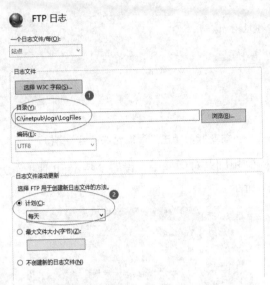

图 6-19　设置文件存放路径和更新频率

第六步：设置 FTP 站点消息。

站点消息是用户登录 FTP 站点时看到的信息。可以将 FTP 站点的欢迎信息、用户认证的方法、用户权限等写入其中。

（1）在"ftp.web1.com 主页"界面中，选择"FTP 消息"，如图 6-20 所示。

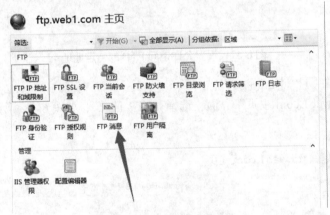

图 6-20　选择"FTP 消息"

（2）添加 FTP 站点消息。本实例中，在"横幅"文本框中输入"SZPT 校内站点"，在"欢迎使用"文本框中输入"欢迎使用 ftp.web1.com"，在"退出"文本框中输入"Good Bye!"，在"最大连接数"文本框中输入"已超出最大连接数"，单击右侧"应用"链接，如图 6-21 所示。

（3）回到客户端（Win2012-2）中，进入系统命令提示符窗口（参考 3.2 节第四步），输入"ftp"，具体步骤如下。

① 输入"ftp"，按 Enter 键。

② 输入"open ftp.web1.com"，按 Enter 键。

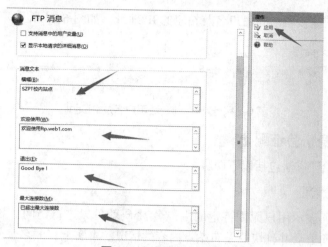

图 6-21　设置 FTP 消息

③ 输入"anonymous"，按 Enter 键。

④ 按 Enter 键。

⑤ 输入"Bye"，按 Enter 键。

结果如图 6-22 所示。

图 6-22　客户端登录 FTP 站点测试

第七步：查看当前连接的用户。

（1）在"ftp.web1.com 主页"界面，选择"FTP 当前会话"，如图 6-23 所示，可以查看当前 FTP 的连接情况。

图 6-23　选择"FTP 当前会话"

（2）查看当前连接会话的用户名及相应的 IP 地址，如图 6-24 所示。

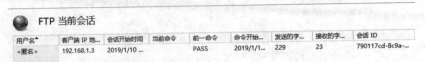

图 6-24　查看当前会话用户名及 IP 地址

6.2.2　FTP 的身份验证配置

FTP 的身份验证方法包括以下两种。

1. 匿名身份验证

匿名身份验证表示用户无需特定的用户名/密码就可以进行访问。该验证方式适用于 FTP 站点需要面向公众并且快速发布站点内容的情况。事实上，匿名身份验证也是需要登录的，用户名为"anonymous"，不过客户端软件通常自动登录，密码是随意的字符。

2. 基本身份验证

基本身份验证需要用户在访问站点时输入特定的用户名/密码，当用户无法输入正确的用户名/密码时，FTP 站点的资源将无法被访问。

第一步：配置 FTP 身份验证。

（1）在 Win2012-1 中，回到"Internet Information Services（IIS）管理器"窗口，在"ftp.web1.com 主页"界面，选择"FTP 身份验证"，如图 6-25 所示。

图 6-25　选择"FTP 身份验证"

（2）单击"基本身份验证"列表项，单击"操作"栏的"启用"链接，单击"匿名身份验证"列表项，单击"操作"栏的"禁用"链接，最终设置结果如图 6-26 所示。

图 6-26　启用基本身份验证

第二步：创建用于登录 FTP 的 Windows 本地用户。

在 FTP 服务器中，依次单击"服务器管理器"→"工具"→"计算机管理"→"用户"选项。右键单击"用户"选项，在弹出的快捷菜单中选择"新用户"命令，在弹出的"新用户"对话框中，输入用户名"ftpuser1"，"密码""确认密码"为 Ftp123，用同样方法新建用户"ftpuser2"，结果如图 6-27 所示。

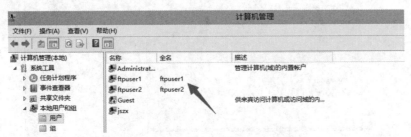

图 6-27　创建本地用户用于 FTP 验证

第三步：为用户创建授权。

（1）回到"Internet Information Services（IIS）管理器"窗口，在"ftp.web1.com 主页"界面中，选择"FTP 授权规则"，如图 6-28 所示。

图 6-28　选择"FTP 授权规则"

（2）单击右侧"添加允许规则"链接，在弹出的"添加允许授权规则"对话框中选择"指定的用户"单选按钮，在文本框中输入"ftpuser1"，勾选"读取""写入"复选框，如图 6-29 所示，单击"确定"按钮。

（3）在客户端进行测试，分别尝试通过匿名用户和 ftpuser1 用户进行登录。

第四步：设置不同用户的不同权限。

（1）在 FTP 服务器中，创建两个文件夹"C:\user1""C:\user2"，如图 6-30 所示。

（2）在 FTP 站点的授权规则中，将 ftpuser1、ftpuser2 都设置为允许访问，且权限为"读取"，如图 6-31 所示。此时，ftpuser1、ftpuser2 用户对站点"ftp.web1.com"的根目录仅具备读取权限，操作方法参考上一步。

（3）右键单击左侧栏中"ftp.web1.com"选项，在弹出的快捷菜单中选择"添加虚拟目录"命令，在弹出的"添加虚拟目录"对话框的"别名"文本框中输入"dir1"，在"物理路径"文本框中输入"C:\user1"，如图 6-32 所示。用同样方法再次创建虚拟目录，使虚拟目录的别名为"dir2"，物理路径为"C:\user2"。

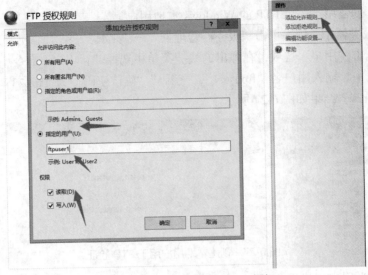

图 6-29 为 ftpuser1 添加 FTP 授权

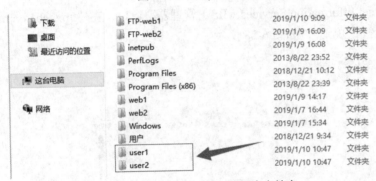

图 6-30 创建用户文件夹

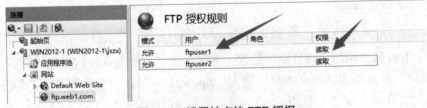

图 6-31 设置站点的 FTP 授权

图 6-32 添加虚拟目录

（4）单击左侧"dir1"选项，进入"dir1 主页"界面。选择"FTP 授权规则"，进行 FTP 授权规则设置，如图 6-33 所示。

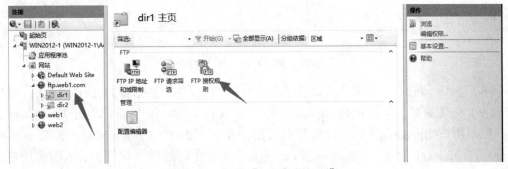

图 6-33　选择"FTP 授权规则"

（5）为"ftpuser1"列表项添加"读取""写入"权限，如图 6-34 所示。为"dir2"选项进行 FTP 授权规则设置，为"ftpuser2"列表项添加"读取""写入"权限，操作方法参考上一步。

图 6-34　为虚拟目录设置授权规则

（6）在客户端进行测试，首先登录"ftp.web1.com"，在弹出的"登录身份"对话框中，输入用户名为"ftpuser1"，并输入密码，如图 6-35 所示。

图 6-35　登录 FTP

（7）查看 FTP 站点主目录，如图 6-36 所示。

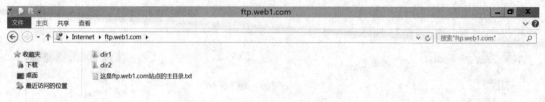

图 6-36 查看 FTP 站点主目录

（8）进入"dir1"文件夹，尝试新建文件夹和上传操作，如图 6-37 所示。

（9）交叉测试。使用用户 ftpuser1 登录，查看其对目录"dir1""dir2"的访问权限；使用用户 ftpuser2 登录，查看其对目录"dir1""dir2"的访问权限，如图 6-38 所示是用户 ftpuser1 尝试对"dir2"进行新建文件夹操作时的错误对话框，表明该用户没有写入权限。

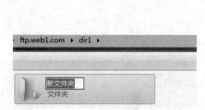

图 6-37 测试用户的"写入"权限

图 6-38 用户 ftpuser1 新建文件夹失败

6.3 FTP 的用户隔离

6.3.1 FTP 用户隔离概述

用户隔离用于控制不同用户对目录的访问，防止用户访问 FTP 站点中其他用户的 FTP 主目录。图 6-39 所示是 FTP 用户隔离的设置界面及其说明。

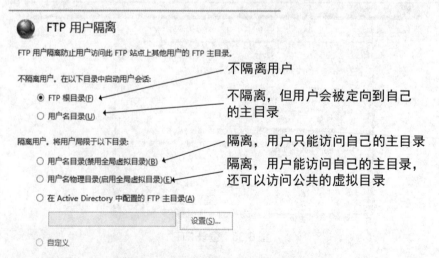

图 6-39 FTP 用户隔离的设置界面及说明

> 当选择不隔离用户时：
①　选择"FTP 根目录"单选按钮，则所有用户在登录后都会看到 FTP 站点的根目录；
②　选择"用户名目录"单选按钮，此时用户首先会被定向到自己的主目录，但是仍然可以访问其他用户的主目录。

> 当选择隔离用户时：
①　选择"用户名目录（禁用全局虚拟目录）"单选按钮，则用户只能访问自己的主目录；
②　选择"用户名物理目录（启用全局虚拟目录）"单选按钮，用户除可以访问自己的主目录外，还可以访问站点的公共虚拟目录。

6.3.2　FTP 用户隔离配置

局域网中有大量的用户，出于安全的考虑，需要根据用户的需求，对不同的目录/文件进行访问权限的管理。在本实例中，各用户对所属目录的权限结构如图 6-40 所示。

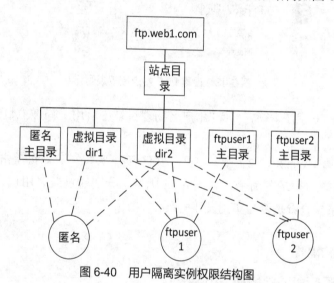

图 6-40　用户隔离实例权限结构图

（1）在 FTP 服务器（Win2012-1）的 C 盘的"FTP-web1"目录下，创建名为"localuser"的文件夹，并在该文件夹下，分别创建作为两个用户主目录的"ftpuser1""ftpuser2"文件夹，如图 6-41 所示。

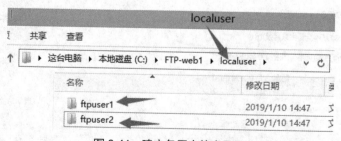

图 6-41　建立各用户的主目录

117

（2）为匿名用户建立主目录"public"，同时在 IIS 中，将 FTP 身份验证设置为启用匿名身份验证，如图 6-42 所示。

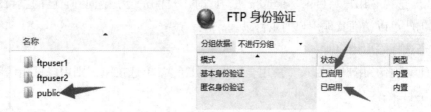

图 6-42　创建匿名访问主目录

（3）设置站点的 FTP 授权规则为允许所有用户，如图 6-43 所示。

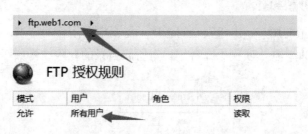

图 6-43　设置 FTP 站点授权规则

（4）设置"FTP 用户隔离"为"用户名物理目录（启用全局虚拟目录）"，如图 6-44 所示。

（5）在客户端（Win2012-2）中，打开"文件资源管理器"，右键单击空白处，在弹出的快捷菜单中选择"登录"命令，如图 6-45 所示。分别通过匿名用户、ftpuser1 用户、ftpuser2 用户登录，查看是否与实例设计一致。

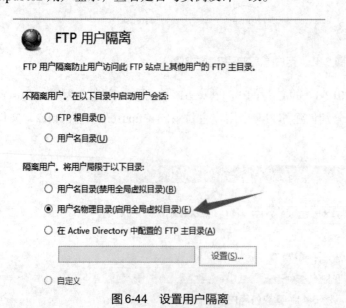

图 6-44　设置用户隔离

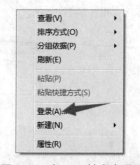

图 6-45　在 FTP 站点中登录

（6）查看不同用户的主目录是否不同，如图 6-46 所示。

图 6-46　不同用户的登录界面

6.4　本章小结

本章首先介绍了 FTP 的功能及其工作原理，接着用实例详细介绍了 FTP 服务器的配置、FTP 身份验证的使用、FTP 用户隔离的使用。FTP 在互联网中的使用非常普遍，FTP 支持断点续传，能够较好地控制访问者的读写权限，是文件传输最重要的手段之一。作为服务器的管理者，必须熟练掌握 FTP 服务器的各种设置，如站点基本配置、身份验证、用户隔离，同时要掌握防火墙关于 FTP 站点的安全设置。

6.5　章节练习

1. FTP 的作用是什么？
2. 简述 FTP 的两种传输模式，它们有什么不同？如何应用？
3. FTP 有几种身份验证方式？如何使用？
4. 实战：动手搭建 FTP 服务器。

（1）企业需求

A 公司要搭建一个 FTP 服务器，用以进行文件传输管理。要求基于 Windows Server 2012 R2 的 IIS 进行搭建。

具体要求如下。

匿名用户可以访问公共资源（虚拟目录"dir1"和虚拟目录"dir2"），但只有只读权限，不可修改内容。

用户"A"可以访问用户的主目录"A 的主目录",并具有读写权限。

管理员用户"admin"可以对所有文件(虚拟目录"dir1"、虚拟目录"dir2"和"A 的主目录")进行读写管理。

(2)实验环境

可采用 VMware 或 VirtualBox 虚拟机进行实验环境搭建。

第 7 章 PKI、SSL 网站与邮件安全

本章要点

- 了解 PKI、SSL 技术的核心原理。
- 掌握 PKI 架构服务器配置。
- 掌握证书的管理与应用。

公钥基础设施（Public Key Infrastructure，PKI）是一个完整的颁发、吊销、管理数字证书的系统，是支持认证、加密、完整性和可追究性服务的基础设施。PKI 通过第三方可信任机构——数字证书认证机构（Certificate Authority，CA），将用户的公钥和用户的其他标识信息，如名称、E-mail、身份证号等捆绑在一起，用于网络用户的身份验证。信息在传输过程中应用基于 PKI 架构与数字证书结合的安全体系，实现对信息的加密与数字签名，从而保证信息在传输过程中的安全性、完整性、真实性和不可抵赖性。

安全套接层（Secure Sockets Layer，SSL）是一种以 PKI 为基础、为网络通信提供安全性及数据完整性的安全传输协议。SSL 协议位于应用层和传输层之间，能够为基于 TCP（提供可靠连接）的应用层协议提供安全性保证。目前 SSL 证书被应用于各个行业，包括金融、政府、医疗等。通过在用户浏览器与服务器之间建立 SSL 加密通道，将数据进行加密后传输，可以大大降低数据在传输过程中被第三方窃取或篡改的风险。

对于电子邮件，目前安全性最高的方式是利用数字证书对邮件进行加密和数字签名。数字证书一般由公用密钥、私人密钥和数字签名 3 部分构成。对邮件进行数字签名时，邮件会包含数字签名与公用密钥，接收者利用收到的公用密钥检查数字签名并还原邮件内容。另外，接收者还可以利用发送者的公用密钥对邮件进行加密，此时只有发送者的私人密钥能解密邮件内容。

7.1 什么是 PKI、SSL

随着信息技术的发展，电子商务已逐步被人们所接受，在整个电子商务的交易过程中，安全性是否得到保证显得格外重要。首先在网上进行电子商务交易时，由于交易双方并不在现场，因而无法确认双方的合法身份；其次由于交易信息是交易双方的商业秘密，所以在网上传输时必须保证其安全性，防止信息被窃取；另外，在交易过程中一旦发生纠纷，

第三方必须能够提供仲裁。因此，电子商务交易过程应能实现身份认证、安全传输，并保证不可否认性、数据完整性。由于数字证书认证技术采用了加密传输和数字签名，能够实现上述要求，因此其在国内外电子商务交易中都得到了广泛的应用。

PKI 是指用公钥概念和技术来实施和提供安全服务的安全基础设施。它的主要目的是通过自动管理密钥和证书，为用户建立一个安全的网络运行环境，使用户可以在多种应用环境下方便地使用加密和数字签名技术，从而保证网上数据的机密性、完整性和不可抵赖性。数据的机密性是指数据在传输过程中不会被非授权者窃取，数据的完整性是指数据在传输过程中不会被非法篡改，数据的不可抵赖性是指数据不能被否认。

安全套接层协议是由网景（Netscape Communication）公司设计开发的，它指定了在应用程序协议（如 HTTP、Telnet、FTP）和传输通信协议（TCP/IP）之间提供数据安全性分层的机制，是一种在 TCP/IP 上实现的安全协议，其采用公开密钥技术，为 TCP/IP 连接提供数据加密、服务器认证、消息完整性以及可选的客户机认证。由于此协议很好地解决了互联网明文传输的不安全问题，因而很快得到了业界的支持，并已经成为国际标准。

7.2 PKI、SSL 技术的核心原理与应用

7.2.1 公钥加密

PKI 通过公钥加密（Public Key Encryption）技术确保数据传输的安全性。要使用该技术完成对数据的加密以及解密，用户需准备一对密钥，分别是公钥与私钥。

（1）公钥：公钥（Public Key）对其他用户是公开的。

（2）私钥：私钥（Private Key）是用户私有的，且存储在用户的计算机内，只有用户自己可以使用。

图 7-1 所示为公钥加密技术的实现过程。

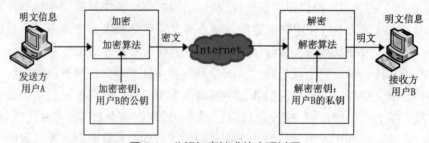

图 7-1 公钥加密技术的实现过程

（1）用户 A 使用用户 B 的公钥对发送的信息进行加密。

（2）通过 Internet 将密文发送给用户 B。

（3）用户 B 使用自己的私钥进行解密。

7.2.2 数字签名

用户可以利用公钥验证（Public Key Authentication）技术对发送的数据进行数字签名，从而验证数据的完整性和不可抵赖性。

图 7-2 所示为数字签名的实现过程。

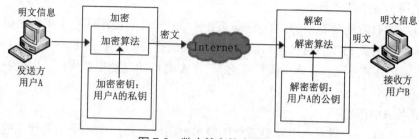

图 7-2　数字签名的实现过程

（1）用户 A 用自己的私钥对数据进行数字签名。

（2）通过 Internet 将密文发送给用户 B。

（3）用户 B 使用用户 A 的公钥对数据进行解密，从而验证数据是由用户 A 发送的，并且在传输过程中没有被篡改。

这种使用公钥加密、私钥解密或者私钥加密、公钥解密的方法称为非对称式（Asymmetric）加密。如果加密、解密都使用同一个密钥，则称为对称式（Symmetric）加密。

使用密钥（公钥、私钥）既能加密信息，又可以实现数字签名，从而确保数据传输的安全性，但是如何保证密钥不被冒充呢？现阶段的解决方案是使用数字证书。因此标准的 PKI 体系通常具备以下 7 个部分。

（1）数字证书认证机构 CA

CA 是 PKI 的核心执行机构，是 PKI 的主要组成部分，通常称为认证中心。CA 的主要职责包括以下 5 点。

➢ 验证并标识证书申请者的身份。

➢ 确保 CA 用于证书签名的非对称密钥的质量和安全性。

➢ 管理证书信息资料。

➢ 管理证书序号和 CA 标识，确保证书主体标识的唯一性。

➢ 确定并检查证书的有效期，发布和维护作废证书列表（CRL）。

CA 是确保电子商务、电子政务、网上银行、网上证券等交易权威性、可信任性和公正性的第三方机构。

（2）证书和证书库

证书是数字证书或电子证书的简称，它符合 X.509 标准，是由具备权威性、可信任性和公正性的第三方机构签发的，因此，它是权威性的电子文档。

证书库是 CA 颁发证书和撤销证书的集中存放地，可供公众进行开放式查询。证书库支持分布式存放，即可以将与本组织相关的证书和证书撤销列表存放到本地，以提高证书的查询效率。

（3）密钥备份及恢复

由于用户可能将用来解密数据的密钥丢失，从而使已被加密的密文无法解开，所以为避免发生这种情况，PKI 提供了密钥备份与密钥恢复机制。当用户证书生成时，加密密钥即被 CA 备份存储；当需要恢复密钥时，用户只需要向 CA 提出申请，CA 就会为用户自动恢复密钥。

（4）密钥和证书的更新

一个证书的有效期是有限的，在实际应用中，由于长期使用同一个密钥会提升密钥被破译的风险性，因此 PKI 会对已发布的密钥或证书进行更新。证书更新一般由 PKI 系统自动完成，不需要用户干预。在有效期结束之前，CA 会自动启动更新程序，生成一个新证书来替代旧证书。

（5）证书历史档案

对于同一个用户，证书的定期更新会生成多个旧证书和至少一个当前使用的新证书。这些旧证书以及相应的私钥就组成了用户密钥和证书的历史档案。

（6）客户端软件

客户端软件用于实现数字签名、加密传输数据、在认证过程中查询证书和相关证书的撤销信息，以及进行证书路径处理、对特定文档提供时间戳请求等。

（7）交叉认证

交叉认证指多个 PKI 域之间实现互操作。

7.2.3　SSL 网站安全连接协议

SSL 是一个以 PKI 为基础的安全性通信协议，网站拥有 SSL 证书之后，浏览器与网站之间就可以通过 SSL 安全连接进行通信，此时 URL 路径中的 http 改为 https。例如，在登录网上银行的时候，一般会使用 SSL 协议，如图 7-3 所示。

图 7-3　登录中国银行网站

浏览器与网站之间建立 SSL 安全连接时，通常会采用三次握手的协商过程，建立一个双方都认可的会话密钥（Session Key），并使用该密钥对传输的数据进行加、解密以及验证数据是否被篡改。

图 7-4 所示为 SSL 协议的三次握手过程。

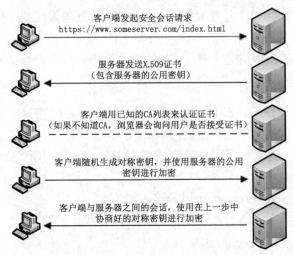

图 7-4　SSL 协议的三次握手过程

7.2.4　PKI 和 SSL 技术的应用

　　PKI、SSL 技术的应用领域包括电子商务、电子政务、网上银行、网上证券等金融业网上交易业务以及电子邮件、文件传输等。PKI 作为安全基础设施,可以根据不同的安全需求为不同的用户提供多种安全服务。例如,在电子商务应用中,PKI 将公钥加密系统用于加密订货单信息、支付信息以及验证签名等方面。SSL 使用数据加密、身份验证和消息完整性验证机制,基于 TCP 和其他应用层协议提供可靠的连接安全保障。PKI 和 SSL 两者结合,保障了整个交易过程的安全性、可靠性、保密性和不可否认性。

7.3　PKI 架构服务器配置及证书的应用

　　实例场景:A 公司由于业务需要,将基于 PKI 架构升级内部网络服务,在不改变网络现有环境的情况下,如何使用证书保护 Web 服务器和 FTP 服务器,为用户提供安全的 SSL 连接? 如何使用证书对电子邮件进行加密和签名呢?

　　网络拓扑:A 公司网络拓扑如图 7-5 所示。Win2012-1 是公司内部网络中的 DNS 服务器、Web 服务器、FTP 服务器以及邮件服务器。Win2012-2 作为独立根 CA。Win2012-3 和 Win2012-4 分别是两台客户端。

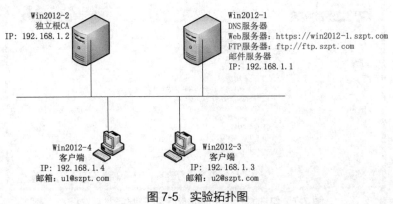

图 7-5　实验拓扑图

解决办法：基于 PKI 架构配置服务器与客户端，使其均信任独立根 CA。Win2012-1 服务器向 CA 申请数字证书并应用于 Web 服务与 FTP 服务，客户端与服务器之间建立 SSL 安全连接。客户端向 CA 申请电子邮件保护证书，用于对邮件进行加密和签名。

7.3.1　配置证书颁发机构

无论是私钥、公钥，还是 SSL 安全连接，都需要使用数字证书，因此在进行服务器配置时，首先需要配置的就是证书颁发机构（CA）。

在安装、配置 CA 之前，需要先安装 Web 服务器（IIS），用于发布根 CA。IIS 的安装步骤请参阅 5.2 节的相关内容。

第一步：安装 Active Directory 证书服务。

（1）在 Win2012-2 服务器上，单击"服务器管理器"→"管理"→"添加角色和功能"选项，如图 7-6 所示。

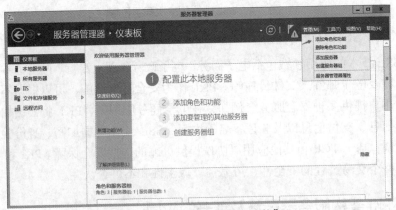

图 7-6　打开"添加角色和功能"

（2）在"添加角色和功能向导"窗口中，持续单击"下一步"按钮，直到出现"选择服务器角色"界面，勾选"角色"栏中的"Active Directory 证书服务"复选框，如图 7-7 所示。

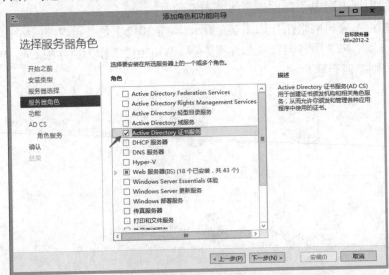

图 7-7　勾选"Active Directory 证书服务"复选框

（3）持续单击"下一步"按钮，直到出现"选择角色服务"界面，勾选"角色服务"栏中的"证书颁发机构""证书颁发机构 Web 注册"复选框，如图 7-8 所示。

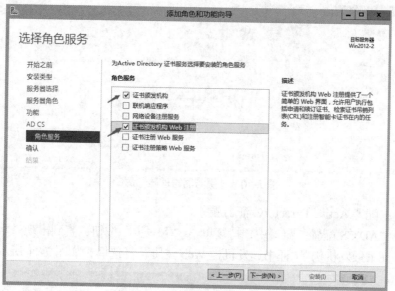

图 7-8　"选择角色服务"界面

（4）持续单击"下一步"按钮，直到安装完成。最后不要单击"关闭"按钮，此时还需单击"配置目标服务器上的 Active Directory 证书服务"链接进行相关配置，如图 7-9 所示。

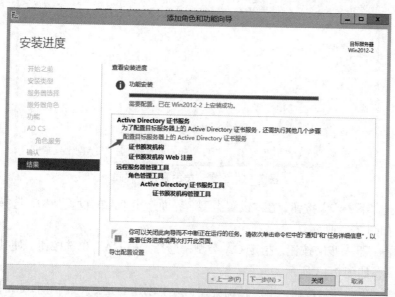

图 7-9　Active Direcory 证书服务安装完成界面

（5）如果不小心关闭了该界面，则可以重新打开"服务器管理器"窗口，单击右上角菜单栏中的旗形图标，在弹出的下拉菜单中单击"配置目标服务器上的 Active Directory 证书服务"链接，如图 7-10 所示。

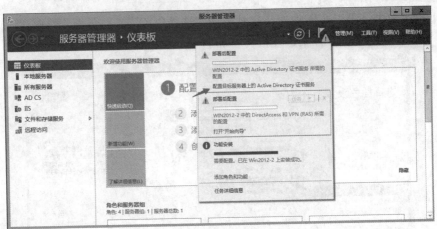

图 7-10   "服务器管理器"窗口

第二步：配置 Active Directory 证书服务。

（1）在"AD CS 配置"窗口中，持续单击"下一步"按钮，直到出现"角色服务"界面，勾选"证书颁发机构""证书颁发机构 Web 注册"复选框，如图 7-11 所示。

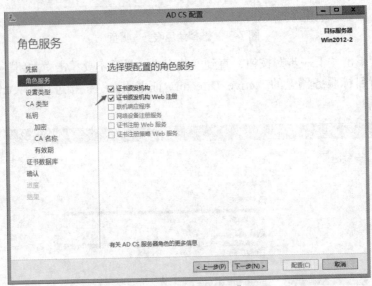

图 7-11   配置"角色服务"界面

（2）单击"下一步"按钮，在"设置类型"界面指定 CA 的设置类型，选择"独立 CA"单选按钮，如图 7-12 所示。

（3）单击"下一步"按钮，指定 CA 类型，选择"根 CA"单选按钮，使其成为本实验中的唯一 CA，如图 7-13 所示。

（4）单击"下一步"按钮，指定私钥类型，这里创建的是 CA 的私钥，CA 拥有私钥后，才可以为客户端颁发证书。选择"创建新的私钥"单选按钮，如图 7-14 所示。

（5）单击"下一步"按钮，指定加密选项，其中包括"选择加密提供程序""密钥长度""选择对此 CA 颁发的证书进行签名的哈希算法"等选项。一般采用默认的设置即可，如图 7-15 所示。

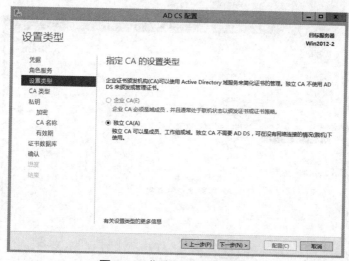

图 7-12　指定 CA 的设置类型

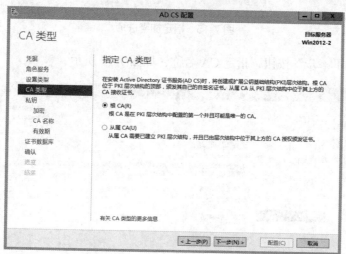

图 7-13　选择 CA 类型

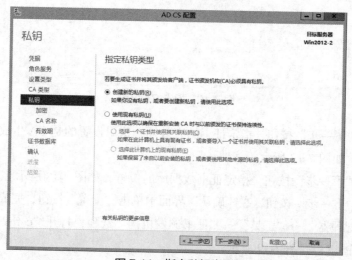

图 7-14　指定私钥类型

图 7-15　指定加密选项

（6）单击"下一步"按钮，指定 CA 名称，如图 7-16 所示。

图 7-16　指定 CA 名称

（7）单击"下一步"按钮，指定证书的有效期，这里设置的是 CA 生成证书的有效期，默认值为 5 年，如图 7-17 所示。

（8）单击"下一步"按钮，指定证书数据库的位置，如图 7-18 所示。

（9）单击"下一步"按钮，在"确认"界面中单击"配置"按钮，完成整个配置过程。单击"服务器管理器"→"工具"→"证书颁发机构"选项，打开"certsrv - [证书颁发机构（本地）]"窗口，如图 7-19 所示。

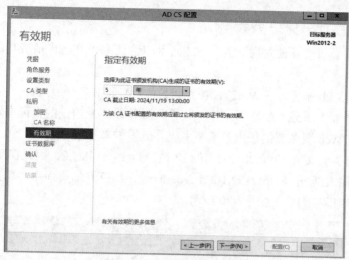

图 7-17　指定证书的有效期

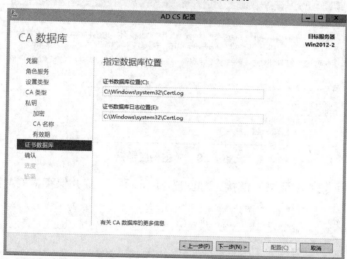

图 7-18　指定数据库位置

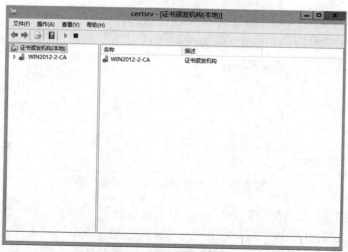

图 7-19　根 CA 的管理界面

7.3.2 使用数字证书保护 Web 网站

Web 服务器必须信任独立根 CA，才能向其申请证书，并将申请成功的证书绑定在网站上。

第一步：在 Web 服务器（Win2012-1）上下载 CA 证书。

在 Web 服务器上下载 CA 证书，并将其导入服务器"受信任的根证书颁发机构"列表中，这样才能使 Web 服务器信任由根 CA 生成并颁发的数字证书。

（1）根据图 7-5，CA（Win2012-2）的 IP 地址是 192.168.1.2，因此在 Web 服务器上打开 IE 浏览器，输入网址"http://192.168.1.2/certsrv"，在打开的页面中，单击"下载 CA 证书、证书链或 CRL"链接，如图 7-20 所示。

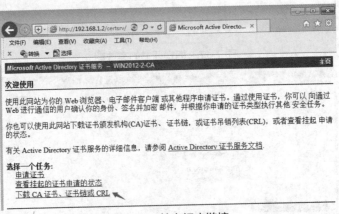

图 7-20　单击相应链接

（2）单击"下载 CA 证书"链接，如图 7-21 所示，下载并保存根 CA 证书文件。

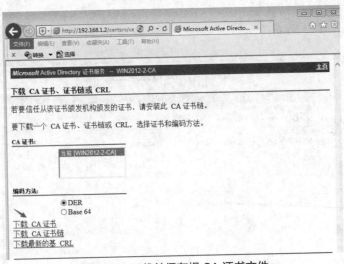

图 7-21　下载并保存根 CA 证书文件

（3）在键盘上按下"WIN+R"组合键，打开"运行"对话框，输入"mmc"，打开"控制台 1"窗口，在菜单栏中单击"文件"→"添加/删除管理单元"选项，弹出"添加或删除管理单元"对话框，单击左侧"可用的管理单元"列表中的"证书"选项，单击"添加"

按钮，在弹出的"证书管理单元"对话框中，选择"计算机账户"单选按钮，依次单击"下一步""完成"按钮，这样就在控制台中添加了"证书管理单元"，如图 7-22 所示。

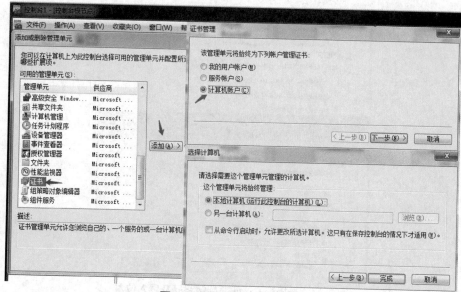

图 7-22　添加证书管理单元

（4）在控制台左侧的列表中，单击展开"受信任的根证书颁发机构"文件夹，右键单击"证书"选项，在弹出的快捷菜单中选择"所有任务"→"导入"命令，如图 7-23 所示。

图 7-23　导入根 CA 证书

（5）在弹出的"证书导入向导"对话框中，单击"浏览"按钮，选择在第（2）步中保存好的根 CA 证书，单击"下一步"按钮，选择"将所有的证书都放入下列存储"单选按钮，将证书存储到"受信任的根证书颁发机构"中，如图 7-24 所示。

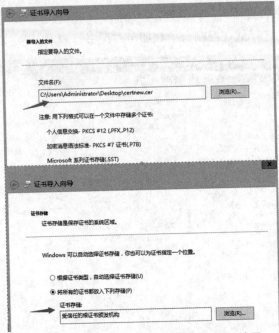

图 7-24　选择根 CA 证书存储路径及导入位置

（6）导入成功后的控制台窗口如图 7-25 所示。

图 7-25　导入成功后的控制台窗口

第二步：在 Web 服务器上建立证书申请文件。

（1）在 Web 服务器（Win2012-1）上配置 DNS 服务，添加 "szpt.com" 域，并新建 Win2012-1 主机记录，详细步骤参考 4.2.1 节第二步。

（2）选择"服务器管理器"→ "工具"→"IIS 管理器"选项，在"Internet Information Services（IIS）管理器"窗口左侧列表中双击"Win2012-1（WIN2012-1\Administrator）"选项，在"Win2012-1 主页"界面中找到"服务器证书"选项，如图 7-26 所示。

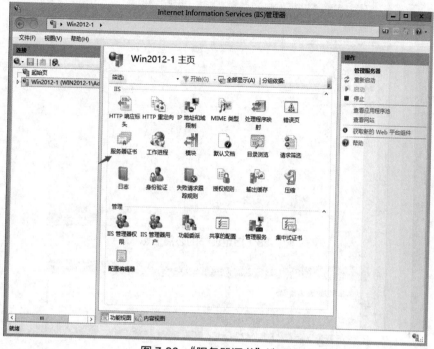

图 7-26　"服务器证书"选项

（3）选择"服务器证书"选项，在右侧的"操作"列表中单击"创建证书申请"链接，如图 7-27 所示。

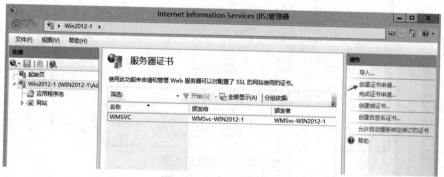

图 7-27　创建证书申请

（4）在弹出的"申请证书"对话框中，填写对应的文本框内容。因为在本实例中使用了 Windows 域，所以"通用名称"必须与域名一致。在第（1）步中已经为"szpt.com"域设置了相对应的主机记录，因此这里的"通用名称"填写"Win2012-1.szpt.com"，如图 7-28所示。

（5）单击"下一步"按钮，"加密服务提供程序""位长"用来指定网站公钥的密钥长度，一般使用默认设置，如图 7-29 所示。

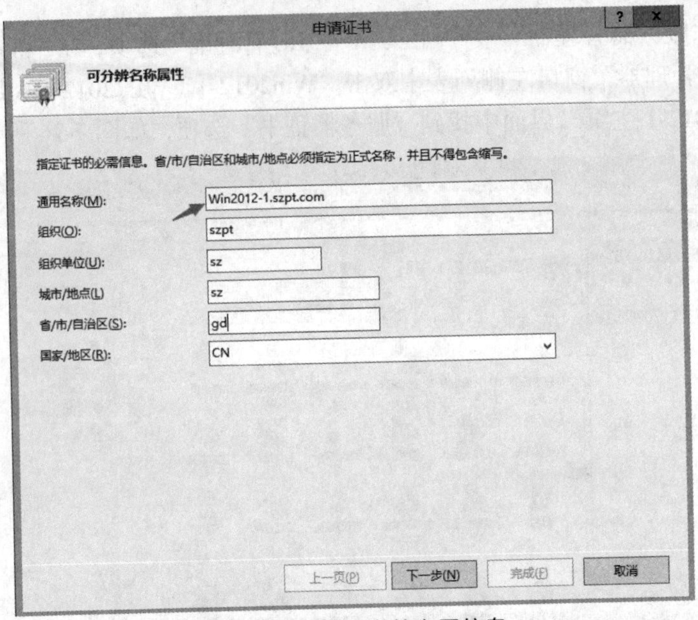

图 7-28　指定证书的必需信息

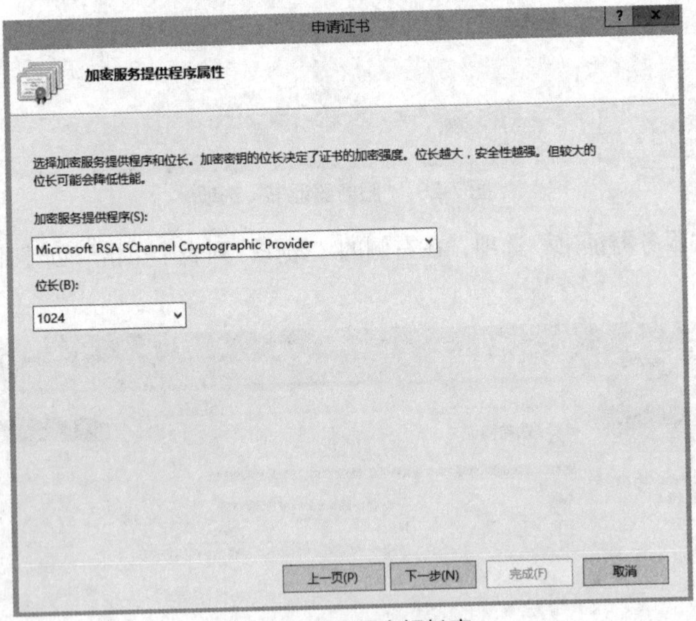

图 7-29　设置密钥长度

（6）单击"下一步"按钮，设置证书申请文件名与存储位置（C:\webcert.txt），如图 7-30 所示。

第三步：Web 服务器将证书申请文件提交到根 CA，根 CA 审核通过并颁发后，Web 服务器再从根 CA 下载该证书文件。

（1）在 Web 服务器（Win2012-1）上打开 IE 浏览器，输入网址"http://192.168.1.2/certsrv"，出现证书申请页面，如图 7-31 所示。

（2）单击"申请证书"链接，然后单击"高级证书申请"链接，如图 7-32 所示。

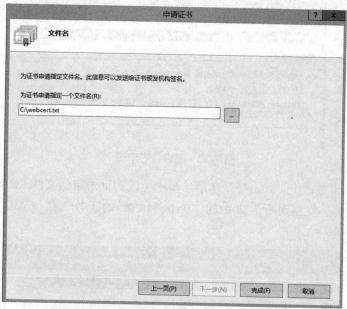

图 7-30　设置证书申请文件名及存储位置

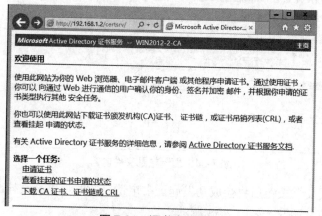

图 7-31　证书申请页面

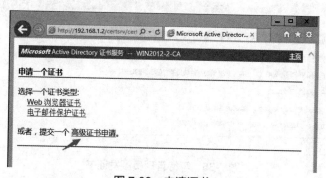

图 7-32　申请证书

（3）单击"使用 base64 编码的 CMC 或 PKCS #10 文件提交一个证书申请，或使用 base64 编码的 PKCS #7 文件续订证书申请。"链接，如图 7-33 所示。

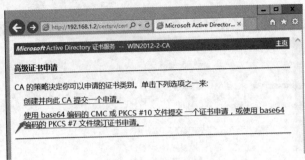

图 7-33　高级证书申请

（4）在 Web 服务器上，双击打开在第二步中生成的证书申请文件（C:\webcert.txt），将该文件的所有内容，复制到图 7-34 中的 "Base-64 编码的证书申请（CMC 或 PKCS #10 或 PKCS #7）" 文本框中。

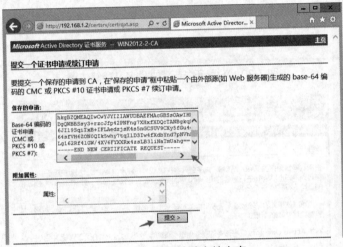

图 7-34　复制粘贴文件内容

（5）单击 "提交" 按钮后将会成功发起证书申请，此时证书会被挂起，还需要 CA 管理员对其进行审核并颁发，如图 7-35 所示。

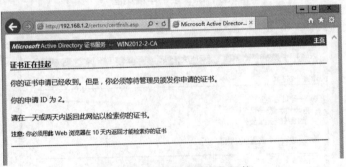

图 7-35　等待管理员颁发证书

（6）在根 CA（Win2012-2）中，选择 "服务器管理器" → "工具" → "证书颁发机构" 选项，打开 "certsrv - [证书颁发机构（本地）\WIN2012-2-CA\挂起的申请]" 窗口，双击左侧列表中的 "WIN2012-2-CA" → "挂起的申请" 选项，在右侧界面中找到 Web 服务器申请的证书，右键单击，在弹出的快捷菜单中选择"所有任务"→"颁发"命令，如图 7-36 所示。

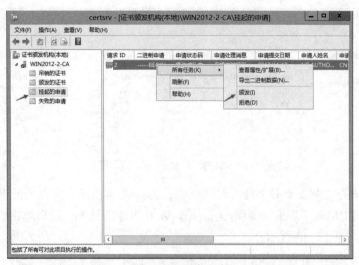

图 7-36　颁发证书

（7）在 Web 服务器（Win2012-1）的 IE 浏览器中输入网址"http://192.168.1.2/certsrv"，单击"查看挂起的证书申请的状态"链接，页面显示证书已经通过审核并颁发，如图 7-37 所示。

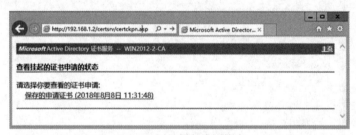

图 7-37　证书申请的状态

（8）单击"保存的申请证书"链接，将证书下载到 Web 服务器，如图 7-38 所示。证书的保存路径为 C:\Users\Administrator\Desktop\certnew.cer。

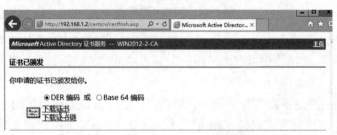

图 7-38　证书下载

第四步：Web 服务器安装证书并启用 SSL。

（1）在 Web 服务器（Win2012-1）中，选择"服务器管理器"→"工具"→"IIS 管理器"选项，在打开的"Internet Information Services（IIS）管理器"窗口中，双击左侧列表中的"Win2012-1（WIN2012-1\Administrator）"选项，双击界面中的"服务器证书"选项，在右侧的"操作"列表中单击"完成证书申请"链接，如图 7-39 所示。

图 7-39　单击"完成证书申请"链接

（2）在打开的"完成证书申请"对话框中，选择在第三步中保存的证书文件，在"好记名称"文本框中输入"Web"，表示这是用于 Web 服务的证书，最后单击"确定"按钮完成证书的申请，如图 7-40 所示。

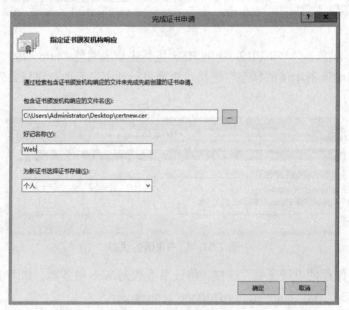

图 7-40　完成证书申请

（3）在"Internet Information Services（IIS）管理器"窗口中，双击左侧列表中的"网站"→"Win2012-1"选项，单击右侧"操作"列表中的"绑定"链接，将证书绑定到网站上，如图 7-41 所示。

（4）在弹出的"网站绑定"对话框中，单击"添加"按钮，在弹出的"添加网站绑定"对话框的"类型"下拉列表中选择"https"。在"SSL 证书"下拉列表中选择"Web"。最后单击"确定"按钮完成证书绑定，如图 7-42 所示。

第五步：客户端浏览器建立与 Web 服务器之间的 SSL 连接。

在 Win2012-3 客户端中打开 IE 浏览器，输入网址"https://win2012-1.szpt.com"，如图 7-43 所示，成功显示页面，测试成功。

图 7-41 将证书绑定到网站上

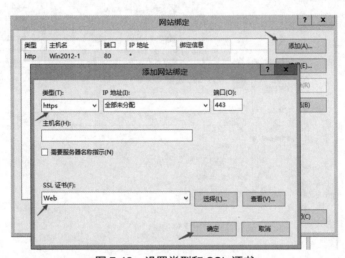

图 7-42 设置类型和 SSL 证书

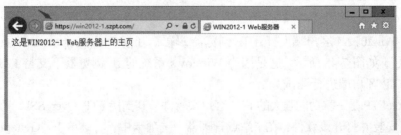

图 7-43 测试 SSL 连接

7.3.3　FTP over SSL 功能

Windows Server 2012 R2 的 FTP 服务支持 FTP over SSL 功能，即客户端与 FTP 服务器之间可以利用 SSL 实现安全连接。

在 IIS 管理器中设置 FTP SSL。

（1）在 Web 服务器（Win2012-1）上配置 DNS 服务，在"szpt.com"域中，新建"ftptest"主机记录，详细步骤参考 4.2.1 节第二步。

（2）打开"Internet Information Services（IIS）管理器"窗口，新建 FTP 站点，名字为"ftptest"，详细步骤参考 6.2.1 节第二步。

（3）在"Internet Information Services（IIS）管理器"窗口中，单击左侧列表中的"ftptest"选项，双击"ftptest 主页"界面中的"FTP SSL 设置"选项，打开"FTP SSL 设置"界面，在"SSL 证书"下拉列表中选择在 7.3.2 节中申请好的证书（"好记名称"为"Web"），"SSL 策略"选择"需要 SSL 连接"单选按钮，单击"应用"链接，如图 7-44 所示。完成设置后，客户端就可以通过 SSL 安全连接方式来连接 FTP 服务器。

图 7-44　设置 FTP SSL

（4）在 Win2012-4 客户端上打开 IE 浏览器，输入"ftp://ftptest.szpt.com"，页面显示"无法显示此页"，如图 7-45 所示。这是因为 Windows 系统的 IE 浏览器不支持 FTPS，因此需要专业的 FTP 客户端进行测试。

（5）CuteFTP 是一款功能强大的 FTP 客户端软件，其支持 FTP Over SSL。在 Win2012-4客户端上，安装并打开该软件，在"站点管理器"选项卡中，右键单击"General FTP Sites"选项，在弹出的快捷菜单中选择"新建"→"FTP 站点"命令，如图 7-46 所示。

图 7-45　测试 FTP SSL

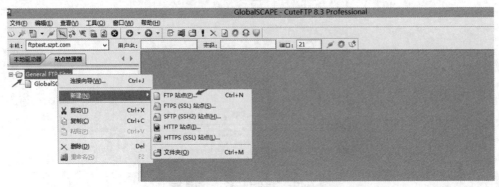

图 7-46　CuteFTP 添加 FTP 站点

（6）在弹出的"此对象的站点属性：user1"对话框的"一般"选项卡中，设置"主机地址"为"ftptest.szpt.com"，"登录方法"为"普通"，输入登录 FTP 站点的"用户名"与"密码"，如图 7-47 所示。

（7）在"类型"选项卡中，在"协议类型"下拉列表中选择"使用 TLS/SSL 进行 FTP（AUTH TLS-显示）"选项，在"数据连接类型"下拉列表中选择"使用 PASV"选项，如图 7-48 所示。

图 7-47　设置站点登录相关信息

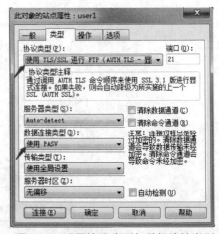

图 7-48　设置协议类型与数据连接类型

（8）设置完成后，连接到 FTP 站点时，会弹出"接受证书？"对话框，如图 7-49 所示。

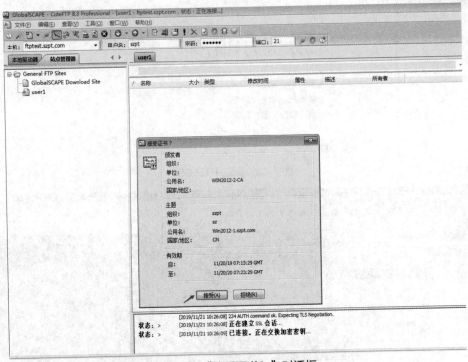

图 7-49 "接受证书？"对话框

（9）单击"接受"按钮后，顺利登录到 FTP 站点，测试成功。

7.3.4 使用数字证书保护电子邮件

对电子邮件进行加密和签名的数字证书需要绑定电子邮箱地址。经过加密的电子邮件可以保证在传输过程中不被篡改，经过签名的电子邮件可以保证邮件的不可抵赖性，确保邮件通信双方身份的真实性。

数字证书保护电子邮件的原理如图 7-50 所示。

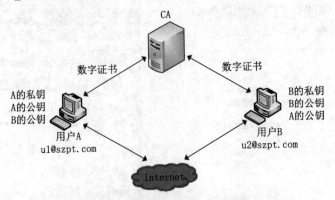

用户A和用户B实现电子邮件加密和签名

图 7-50 数字证书保护电子邮件的原理

第一步：在 DNS 服务器中添加邮件服务器的主机记录。

在 DNS 服务器（Win2012-1）上打开"DNS 管理器"窗口，在"szpt.com"区域中新建两个主机记录："pop3""smtp"，如图 7-51 所示。

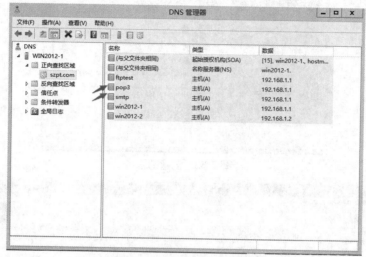

图 7-51　新建两个主机记录

第二步：在 Win2012-1 服务器上安装邮件服务 Winmail。

（1）在 Winmail 官网下载该软件，安装过程使用默认选项，并按提示要求设置 admin 账户的登录密码，如图 7-52 所示。

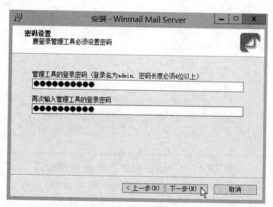

图 7-52　设置登录密码

（2）在邮件服务器（Win2012-1）上打开 Winmail，弹出"快速设置向导"对话框，在"要新建的邮箱地址"文本框中分别输入"u1""szpt.com"，在"密码""确认密码"文本框中输入密码，单击"设置"按钮，这样就创建了一个邮箱：u1@szpt.com，通过"设置结果"界面中的信息，可以判断邮箱是否新建成功，如图 7-53 所示。通过同样的操作步骤创建邮箱：u2@szpt.com。

（3）在"Winmail Mail Server--管理工具-[admin@localhost:6000]"窗口中，单击"用户和组"→"用户管理"选项，在右侧"用户管理"界面中，可以看到"u1""u2"两个创建好的邮箱，如图 7-54 所示。

图 7-53　创建邮箱

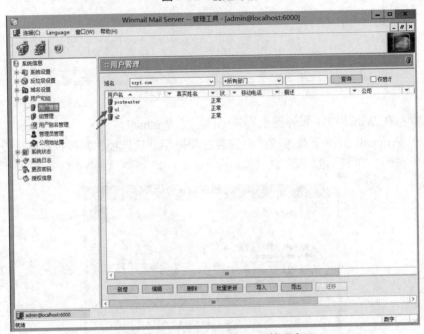

图 7-54　Winmail Mail Server 管理窗口

第三步：安装邮件客户端软件。

（1）在 Win2012-4 客户端上安装邮件客户端软件 Foxmail，通过 Foxmail 连接 u1@szpt.com。建议安装 6.0 或者以下的版本，Foxmail 自 7.0 版本起取消了数字签名。Foxmail 安装完成后，打开 Foxmail，在"向导"窗口中输入"电子邮件地址"（u1@szpt.com）"密码"，"账户名称""邮件中采用的名称"会根据输入的"电子邮件地址"自动设置，单击"下一步"按钮，输入"POP3 服务器"为"pop3@szpt.com"，"SMTP 服务器"为"smtp.szpt.com"，如图 7-55 所示。

（2）设置完成后，单击"测试账户设置"按钮，测试 SMTP、POP3 协议是否配置正确，账户能否正常接收、发送邮件，如图 7-56 所示。

（3）在 Win2012-3 客户端上通过同样的操作步骤设置 Foxmail 连接 u2@szpt.com。

图 7-55　安装、设置 Foxmail

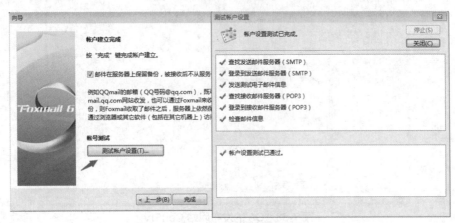

图 7-56　测试账户设置

第四步：客户端向 CA 申请数字证书。

（1）Win2012-3、Win2012-4 客户端分别向根 CA（Win2012-2）申请数字证书。在 Win2012-3、Win2012-4 上分别下载并导入根 CA 证书，使这两台客户端都信任根 CA，详细步骤可参阅 7.3.2 节相关内容。

（2）在 Win2012-4 客户端上打开 IE 浏览器，输入网址 "http://192.168.1.2/certsrv"，在打开的页面中，单击 "申请证书" 链接，然后单击 "电子邮件保护证书" 链接，弹出警告对话框，如图 7-57 所示。

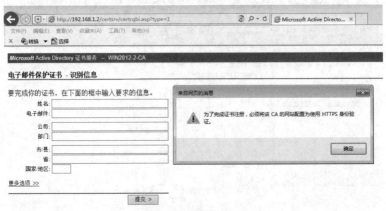

图 7-57　警告对话框

（3）根据提示"为了完成证书注册，必须将该 CA 的网站配置为使用 HTTPS 身份验证。"，需要在根 CA（Win2012-2）上设置 CA 的发布网站"CertSrv"，使其绑定 SSL，如图 7-58 所示。详细步骤可参阅 7.3.2 节相关内容。在本实例中，"申请证书"对话框中的"通用名称"设置为"Win2012-2.szpt.com"，"完成证书申请"对话框中的"好记名称"设置为"Win2012-2"，"CertSrv"网站绑定 SSL 证书，证书名为"Win2012-2"。

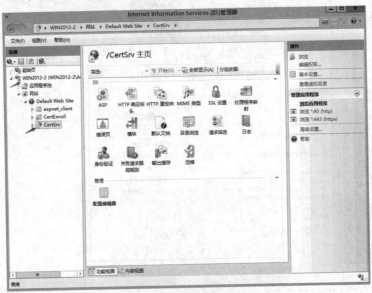

图 7-58　CA 的发布网站 CertSrv

（4）在 Win2012-4 客户端上重新打开 IE 浏览器，输入"https://win2012-2.szpt.com/certsrv"，单击"申请证书"链接，在打开的页面中单击"电子邮件保护证书"链接，在"电子邮件保护证书 - 识别信息"页面分别填写证书的识别信息，如图 7-59 所示。证书识别信息提交成功后，证书申请会被挂起，需要根 CA（Win2012-2）对证书进行颁发。详细步骤可参阅 7.3.2 节相关内容。

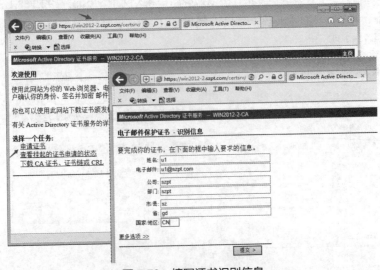

图 7-59　填写证书识别信息

（5）在 Win2012-4 客户端上打开 IE 浏览器，输入 "https://win2012-2.szpt.com/certsrv"，单击 "查看挂起的证书申请的状态" 链接，在打开的页面中选择在上一步中申请的证书，单击 "安装证书" 链接，安装完成后，在 IE 浏览器的菜单栏中单击 "工具" → "Internet 选项" 选项，在 "Internet 选项" 对话框的 "内容" 选项卡中单击 "证书" 按钮，可以查看安装好的证书，如图 7-60 所示。

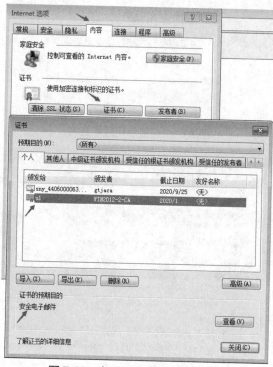

图 7-60　在 IE 浏览器中查看证书

（6）通过同样的操作步骤，在 Win2012-3 客户端上申请并安装电子邮件证书。

第五步：使用数字证书对邮件进行加密和签名。

（1）u1 向 u2 发送数字签名的邮件。在 Win2012-4 客户端上打开 Foxmail，在 "写邮件" 窗口中编辑好邮件内容，然后单击 "工具" → "数字签名" 命令，单击 "发送" 图标 ，在弹出的 "选择证书" 对话框中选择 u1 的电子邮件保护证书，如图 7-61 所示，最后将该邮件发送给 u2。

（2）在 Win2012-3 客户端上打开 Foxmail，u2 收到来自 u1 的数字签名邮件，单击左侧列表中的 "收件箱" 选项，在右侧界面中双击收到的来自 u1 的邮件，系统弹出数字签名邮件的提示，如图 7-62 所示。

（3）单击 "继续" 按钮，可以成功看到邮件内容。

（4）u2 向 u1 发送加密邮件。右键单击 u1 发来的邮件，在弹出的快捷菜单中选择 "邮件信息" → "邮件属性" 命令，如图 7-63 所示。

（5）在弹出的对话框中选择 "安全" 选项卡，单击 "添加到地址簿" 按钮，将 u1 的证书添加到地址簿中，如图 7-64 所示。

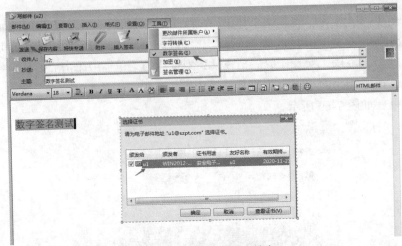

图 7-61　设置使用数字签名

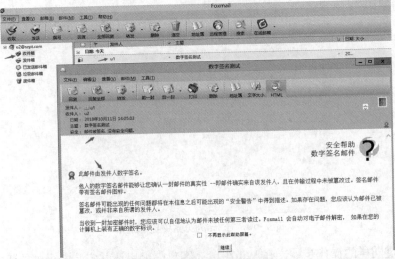

图 7-62　收到的数字签名邮件

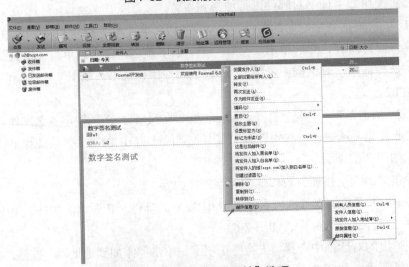

图 7-63　选择"邮件属性"选项

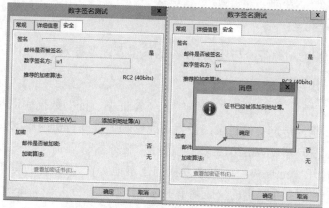

图 7-64　添加 u1 证书到 u2 地址薄中

（6）u2 写邮件给 u1。选择"工具"→"加密"命令，如图 7-65 所示。单击"发送"图标，弹出"确认"对话框，单击"确定"按钮，将该邮件发送给 u1。

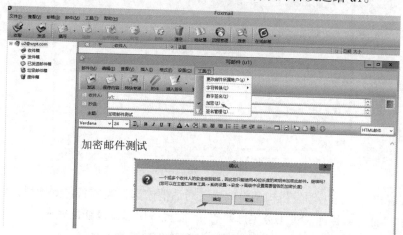

图 7-65　u2 发送加密邮件

（7）在 Win2012-4 客户端上打开邮箱，成功收到来自 u2 的加密邮件，如图 7-66 所示。

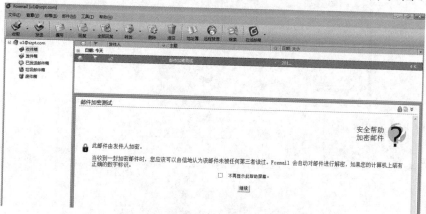

图 7-66　u1 收到来自 u2 的加密邮件

（8）单击"继续"按钮，成功看到邮件内容。

7.4 证书管理

证书的管理包括 CA 的备份与还原、CA 的证书管理及导入和导出证书。

7.4.1 CA 的备份与还原

CA 的备份与还原，主要针对 CA 的私钥、CA 证书、证书数据库以及证书数据库日志进行备份与还原。通过指定备份目录，设置访问密码，提高备份内容的安全性。

（1）在根 CA 服务器（Win2012-2）上选择"服务器管理器"→"工具"→"证书颁发机构"选项，打开"certsrv - [证书颁发机构（本地）]"窗口，右键单击左侧列表中的"WIN2012-2-CA"选项，在弹出的快捷菜单中选择"所有任务"→"备份 CA"命令，如图7-67 所示。

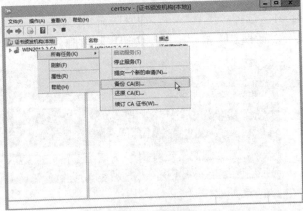

图 7-67 备份 CA

（2）在弹出的"证书颁发机构备份向导"对话框中选择需要备份的项目，例如，"私钥和 CA 证书""证书数据库和证书数据库日志"，设置备份目录及访问密码，如图 7-68 所示。

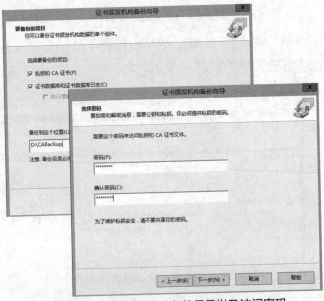

图 7-68 CA 备份项目、备份目录以及访问密码

（3）CA 的还原过程和备份过程类似，这里不再详述。

7.4.2　CA 的证书管理

CA 的证书管理包括吊销证书、发布证书吊销列表（CRL）等。用户申请的证书有一定的有效期限，但是如果发生密钥泄漏、业务终止、证书更新等情况，则需要提前将证书吊销。同时 CA 会发布一个证书吊销列表，列出被认为不能再使用的证书的序列号。

（1）在根 CA 服务器（Win2012-2）上选择"服务器管理器"→"工具"→"证书颁发机构"选项，单击左侧列表中的"颁发的证书"选项，在右侧的界面中右键单击需要吊销的证书，在弹出的快捷菜单中选择"所有任务"→"吊销证书"命令，如图 7-69 所示。

图 7-69　吊销证书

（2）在"证书吊销"对话框中设置"理由码""日期和时间"后，单击"是"按钮。单击"吊销的证书"选项，可以查找被吊销的证书，如图 7-70 所示。

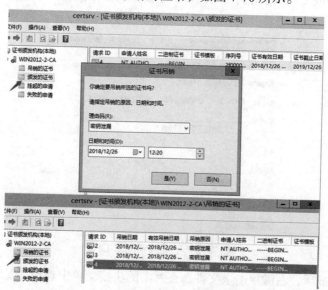

图 7-70　设置吊销理由、日期与时间

CA 能够自动或手工发布证书吊销列表（CRL），网络中的计算机通过下载 CRL，就可以知道哪些证书已经被吊销。

（3）右键单击"吊销的证书"选项，在弹出的快捷菜单中选择"所有任务"→"发布"命令，在弹出的"发布 CRL"对话框中单击"确定"按钮，即可发布更新的 CRL，如图 7-71 所示。

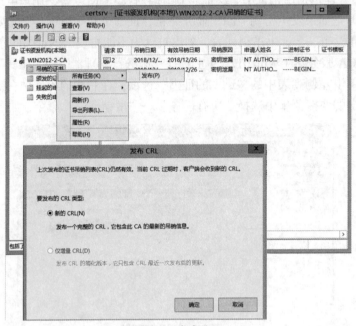

图 7-71　发布 CRL

（4）在客户端打开 IE 浏览器，输入 IP 地址"http://192.168.1.2/certsrv"，单击"下载 CA 证书、证书链或 CRL"链接，在打开的页面中单击"下载最新的基 CRL"链接即可，如图 7-72 所示。

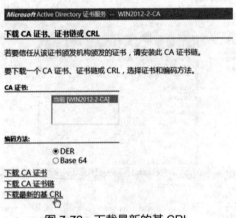

图 7-72　下载最新的基 CRL

（5）下载完成后，右键单击该文件，在弹出的快捷菜单中选择"安装 CRL"命令。

7.4.3　导入和导出证书

一般可以通过以下两种方法来导入、导出证书。

（1）在客户端打开 IE 浏览器，单击"工具"→"Internet 选项"选项，在"Internet 选项"对话框中选择"内容"选项卡，单击"证书"按钮，在弹出的"证书"对话框中，单击"导入"按钮或者"导出"按钮，如图 7-73 所示。

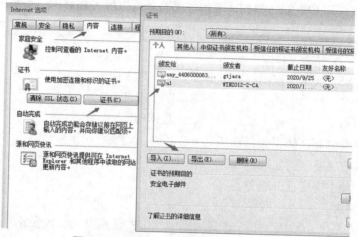

图 7-73　利用 IE 浏览器导入、导出证书

（2）在"控制台 1"窗口中，单击"受信任的根证书颁发机构"→"证书"选项，右键单击右侧界面，在弹出的快捷菜单中选择"所有任务"→"导入"命令，如图 7-74 所示。

图 7-74　利用控制台导入、导出证书

7.5　本章小结

PKI 是一个完整的颁发、吊销、管理数字证书的系统，SSL 是一种以 PKI 为基础的安全性通信协议。两者结合到一起，可以确保电子商务交易、电子邮件、文件传输等数据传输的安全性。

本章详细介绍了如何使用 Windows Server 2012 R2 证书服务搭建一个完整的 PKI 体系，其中包括根 CA、证书的申请，证书的颁发以及针对 Web 服务、FTP 服务的证书绑定，从而提供安全的 SSL 连接，将证书应用到电子邮件中以实现数字签名和加密。详述了证书的管理，其中包括 CA 的备份与还原、CA 的证书管理以及导入和导出证书。

合理配置及应用基于 PKI 架构体系的证书服务可以极大提高网络服务的安全性。

7.6　章节练习

1. PKI 和 SSL 技术的应用领域包括哪些？（选 3 项）

A. 电子商务　　　　　　　　　B. 电子邮件

C. 网上银行　　　　　　　　　D. 数据转发

2. 一个标准的 PKI 体系包括哪些部分？

3. 请简述数字签名的实现过程。

4. 实战：动手搭建证书服务器。

（1）企业需求

A 公司拥有员工 100 人，其企业局域网中有 IIS 服务器、FTP 服务器和邮件服务器，为了提高网络服务安全性，A 公司决定采用 Windows Server 2012 R2 服务器搭建企业内部的证书安全体系。请根据实际应用要求搭建根 CA，为 IIS 服务器、FTP 服务器生成并绑定证书；为个人用户生成并安装"电子邮件保护证书"，测试邮件的加密和数字签名；对证书进行管理，测试证书的吊销以及发布证书吊销列表 CRL。

（2）实验环境

可采用 VMware 或 VirtualBox 虚拟机进行实验环境搭建。

第 8 章 网络负载均衡与 Web Farm

本章要点

- 了解网络负载均衡技术。
- 掌握 Web Farm 核心原理。
- 掌握如何使用 Windows NLB 搭建 Web Farm 环境。

网络负载均衡技术将外部计算机发送的连接请求均匀地分配到服务器群集中的每台服务器上,接收到请求的服务器独立地响应客户的请求。网络负载均衡技术还能够基于服务器的处理能力、网络带宽、用户优先级、服务器优先级等性能指标,将外部连接请求动态分配给服务器群集中的指定服务器,从而实现数据的快速获取,并且有效解决了大量并发访问服务器造成的网络拥塞问题。Web Farm 是一种网络负载均衡架构,企业内部多台 IIS Web 服务器通过网络负载均衡器关联到一起,这样就构成了 Web Farm。Web Farm 中的服务器将同时为用户提供不间断的、可靠的 Web 服务。Windows Server 2012 R2 系统包含网络负载均衡(Network Load Balance,NLB)功能,因此可以采用 Windows NLB 搭建 Web Farm 环境,以提高 Web 服务的响应速度及稳定性。

8.1 网络负载均衡技术

Internet 的高速发展使得网络访问量和数据流量都呈现出快速增长的趋势,特别是对数据中心、大型门户网站、电商网站等的访问,在高峰时期访问流量能达到 10 Gbit/s 的级别。另外,政府网站、银行及金融机构网站、电商网站等都需要提供 24 小时不间断的服务,任何服务的中断或关键数据的丢失,都会造成巨大的损失。因此,实现应用服务的高性能与高可靠性至关重要。

针对以上情况,现阶段有以下几种解决方案。

(1)对服务器进行硬件升级

虽然使用高性能服务器能够提高应用服务的性能,但是其具有以下几个缺点。

➤ 高成本。

高性能服务器价格昂贵,需要高成本投入。原有的低性能服务器被闲置,造成资源浪费。

> 可扩展性差。
>
> 每一次业务量的提升，都将导致再一次硬件升级的高成本投入，现阶段性能最好的服务器也无法赶上当前业务量的爆发式增长趋势。

> 存在单点故障问题。

（2）组建服务器群集，采用负载均衡技术

多台服务器通过网络组建服务器群集，利用负载均衡技术在服务器群集间进行业务均衡。该方案具有以下几点优势。

> 低成本。
>
> 最大限度地利用现有的服务器资源。

> 可扩展性好。
>
> 根据业务量的变化动态增减服务器个数。

> 高可靠性。
>
> 当单台服务器出现故障时，由负载均衡设备自动将服务切换到其他服务器，从而保证服务不中断，实现服务的高可靠性。

8.1.1　网络负载均衡技术概述

网络负载均衡是一种廉价并且有效的技术，可以扩展现有网络设备和服务器的带宽，增加吞吐量，增强网络数据处理能力，提高网络的灵活性和可用性。

网络负载均衡分为软件和硬件两类。

软件负载均衡解决方案是指在一台或多台服务器相应的操作系统上安装一个或多个附加软件来实现负载均衡，如 LVS、Nginx、HAproxy 等。软件负载均衡解决方案的优点是基于特定环境、配置简单、使用灵活、成本低廉，可以满足一般的负载均衡需求；其缺点是软件运行时会占用系统的资源，功能越强大，占用的资源越多，因此当外部连接请求特别多的时候，会严重影响系统本身的性能。另外软件还会受到不同架构操作系统（如 Windows、Linux）的限制，因此其可扩展性并不是很好。

硬件负载均衡解决方案是直接在服务器和外部网络间安装负载均衡设备，这种设备通常称为负载均衡器，它独立于操作系统运行，因此整体性能可以得到极大的提高。多样化的负载均衡策略和智能化的流量管理可满足负载均衡需求。负载均衡器有多种多样的形式，除了单独的负载均衡器外，有些负载均衡器集成在交换设备中，放置于服务器与 Internet 网络之间，有些则是通过两块网卡将这一功能集成到计算机中，一块网卡连接到 Internet 上，另一块网卡连接到后端服务器群集上。

网络负载均衡根据其应用的地理结构，可分为本地网络负载均衡（Local Net Load Balance）和全局网络负载均衡（Global Net Load Balance）。本地网络负载均衡是指对本地的服务器群集进行负载均衡，全局网络负载均衡指分别对放置在不同的地理位置、具有不同网络结构的服务器群集进行负载均衡。

本地网络负载均衡能够在充分利用现有服务器的情况下，有效地解决数据流量过大、网络负载过重的问题。通过灵活多样的负载均衡策略，将数据流量合理地分配给服务器群集内的所有服务器，这样既可以避免服务器单点故障造成的数据流量损失，又可以为用户提供持续的网络服务。在对现有服务器进行扩充升级时，只需要将新的服务器添加到服务器群集中，而不需要改变现有网络结构以及停止现有的网络服务。

全局网络负载均衡的主要目的是在整个网络范围内将用户的请求定向到最近的节点（或者区域），即用户只使用一个 IP 地址或域名就能访问离自己最近的服务器，从而获得最快的访问速度。另外对于子公司相对分散、站点分布较广的大公司，可以通过 Intranet（企业内部互联网）来达到资源统一、合理分配的目的。

全局网络负载均衡有以下特点。

（1）无地域限制，能够远距离为用户提供完全的透明服务。

（2）能有效避免服务器、数据中心等的单点失效故障。

（3）解决网络拥塞问题，提高服务器响应速度。

8.1.2　网络负载均衡技术应用

网络负载均衡是群集技术（Cluster）的一种应用。它将工作任务分摊到群集中的多个处理单元，从而提高并发处理能力。目前，最常见的网络负载均衡技术是 Web 负载均衡。根据实现的原理不同，常见的 Web 负载均衡技术包括 DNS 轮询、CDN 和 IP 负载均衡。

（1）DNS 轮询。它是最简单的负载均衡方式。以域名查询为访问入口，通过配置多条 DNSA 记录使得请求可以分配到不同的服务器。DNS 轮询方式直接将服务器的真实地址暴露给用户，不利于服务器安全。

（2）CDN。即内容分发网络（Content Delivery Network，CDN），通过发布机制将内容同步到大量的缓存节点，并在 DNS 服务器上进行扩展，从而找到离用户最近的缓存节点作为服务提供节点。通常需要使用 CDN 运营商提供的服务，按流量计费，价格也比较昂贵。

（3）IP 负载均衡。是基于特定的 TCP/IP 技术实现的负载均衡，如网络地址转换（NAT）、直接路由（DR）、IP 隧道等。IP 负载均衡可以使用硬件设备实现，也可以使用软件实现。

8.2　Web Farm 架构及核心原理

Web Farm 是由多台 Web 服务器共同构成一个服务器群集，当 Web Farm 接收到来自不同用户的连接网站请求时，这些请求会被分散地送到 Web Farm 中的不同 Web 服务器，因此可以提高网页访问效率，若 Web Farm 中某个 Web 服务器因故障无法为用户提供服务，其他仍然正常运行的 Web 服务器可以继续为用户提供服务，因此 Web Farm 还具备容错功能。

对于用户而言，整个 Web Farm 群集就是一台 Web 服务器，用户通过 Web Farm 群集 IP 地址对其进行访问。一般情况下 Web Farm 群集中的服务器会均衡地响应用户的连接请求，同时也可以根据服务器的优先级、处理能力、网络带宽等参数，设置不同的"权重"值以实现"按需"服务。Web Farm 架构的实施能够有效地提高网络服务的效率与可靠性。

常规 Web Farm 架构如图 8-1 所示。为了避免单点故障影响 Web Farm 的正常运行，网络包含多台后端数据库服务器、前端 Web 服务器、负载均衡器、防火墙，从而实现冗余容错、负载均衡功能。

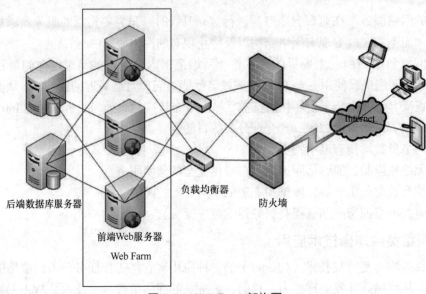

图 8-1　Web Farm 架构图

8.3　使用 Windows NLB 搭建 Web Farm 环境

实例场景：A 公司拥有两台 Web 服务器，现因公司业务发展，需要为客户提供 24 小时不间断的 Web 服务，在不改变公司现有网络架构与设备的情况下，如何快速实现该服务？

网络拓扑：Win2012-1 和 Win2012-2 是两台安装了 Windows Server 2012 R2 的 Web 服务器，每台服务器配置两块网卡，分别连接 192.168.1.0 网络与 192.168.2.0 网络。Win2012-3 是 DNS 服务器，Win2012-4 是测试客户端，如图 8-2 所示。

解决办法：实现 24 小时不间断的网络服务，需要针对 Web 服务器配置 Web Farm 群集。Windows Server 2012 R2 系统具有网络负载均衡功能，因此可以使用 Windows NLB 搭建 Web Farm 环境。

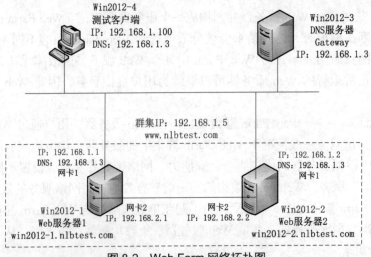

图 8-2　Web Farm 网络拓扑图

第一步：配置 Web 服务。

（1）在 Win2012-1 上配置 IIS Web 服务，操作步骤参考 5.2 节第三步，基本配置如图 8-3 所示。

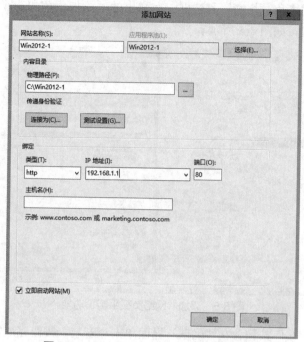

图 8-3　Win2012-1 IIS Web 服务基本配置

（2）在 Win2012-2 上配置 IIS Web 服务，基本配置如图 8-4 所示。

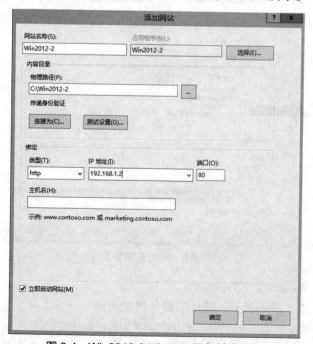

图 8-4　Win2012-2 IIS Web 服务基本配置

第二步：安装 Windows NLB。

（1）在 Win2012-2 服务器上，选择"服务器管理器"→"管理"→"添加角色和功能"选项，在"添加角色和功能向导"窗口中，持续单击"下一步"按钮，直到出现"选择功能"界面，勾选"网络负载均衡"复选框，在弹出的"添加角色和功能向导"对话框中单击"添加功能"按钮，如图 8-5 所示。

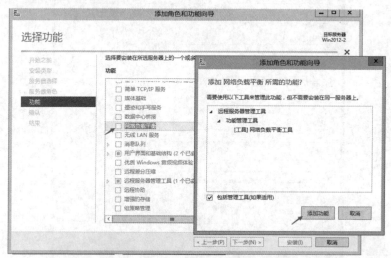

图 8-5　添加"网络负载平衡"功能

（2）单击"下一步"按钮，在"确认"界面单击"安装"按钮完成安装，结果如图 8-6 所示。

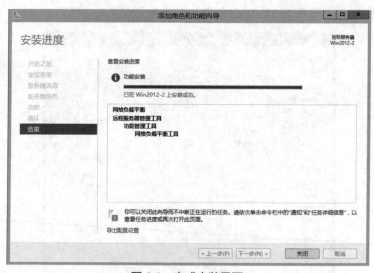

图 8-6　完成安装界面

第三步：配置 Windows NLB。

（1）在 Win2012-2 服务器上，选择"服务器管理器"→"工具"→"网络负载平衡管理器"选项，在"网络负载平衡管理器"窗口中，右键单击左侧栏中的"网络负载平衡群集"选项，在弹出的快捷菜单中选择"新建群集"命令，弹出"新群集：连接"对话框，在"主机"文本框中填入"Win2012-2"，单击"连接"按钮，在"可用于配置新群集的接口"列表栏中会自动列出可用于配置的接口名称和接口 IP，根据图 8-2，这里选择"以太网 2"接口用于配置新群集，如图 8-7 所示。

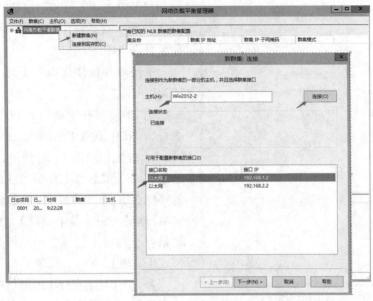

图 8-7　新建群集

（2）单击"下一步"按钮，在"新群集：主机参数"对话框中设置"优先级（单一主机标识符）"，为了区分，这里以机器名的最后一个数字来设定优先级，因此将 Win2012-2 服务器的优先级设置为"2"，如图 8-8 所示。

（3）单击"下一步"按钮，在"新群集：群集 IP 地址"对话框中单击"添加"按钮，弹出"添加 IP 地址"对话框，在"添加 IPv4 地址"单选按钮下的文本框中输入群集 IP 地址（IPv4 地址: 192.168.1.5，子网掩码：255.255.255.0），如图 8-9 所示。

图 8-8　设置优先级

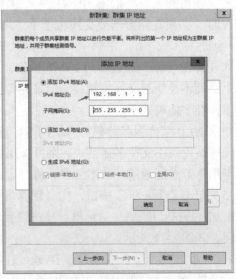

图 8-9　设置群集 IP 地址

群集 IP 地址就是整个群集对外服务时的 IP 地址，群集中的每台服务器都有自己的 IP 地址，设置群集 IP 地址是为了让用户访问变得简单。用户只需要访问群集 IP 地址，连接会根据 NLB 策略分配到群集内的一台服务器上。

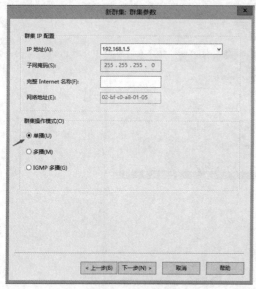

图 8-10　选择群集操作模式

（4）单击"下一步"按钮，在"新群集：群集参数"对话框中，选择"单播"单选按钮，如图 8-10 所示。

一般群集操作模式有 3 类：单播、多播、IGMP 多播。

① 单播。在单播模式下，NLB 会重新为每个 NLB 节点中启用 NLB 的网络适配器（网卡）分配相同的 MAC 地址，即群集 MAC 地址。同时 NLB 修改所有发送的数据包中的源 MAC 地址，从而使交换机不能将此群集 MAC 地址绑定在某个端口上，因此所有 NLB 通信在交换机上通过广播进行。工作在单播模式下存在以下两个问题。

➢ 由于所有的 NLB 通信在交换机上通过广播进行，因此会对连接在同一个交换机上的非 NLB 节点造成额外的网络流量负担。

➢ 由于所有的 NLB 节点具有相同的 MAC 地址，因此 NLB 节点之间不能通过自己原有的专用 IP 地址进行通信。

② 多播。在多播模式下，NLB 不会修改 NLB 节点中启用 NLB 的网络适配器（网卡）的 MAC 地址，而是为它再分配一个二层多播 MAC 地址专用于 NLB 的通信，即群集 MAC 地址，这样 NLB 节点之间可以通过自己原有的专用 IP 地址进行通信。许多路由器或者交换机并不支持群集 IP 对应一个多播 MAC 地址进行通信的方式，因此当出现这种情况时，必须在路由器或交换机上手工添加静态映射，将群集 IP 地址映射到群集多播 MAC 地址。

③ IGMP 多播。通过使用 IGMP 协议，交换机只将 NLB 通信发送到连接 NLB 节点的端口上，而不是所有交换机端口。但是此特性要求交换机必须支持 IGMP 侦听，并且要求群集工作在多播模式下。

如果 NLB 节点服务器只有一块网卡，建议使用多播模式；如果 NLB 节点拥有多块网卡，或网络设备不支持多播模式，则可采用单播模式，其中一块网卡用于启用 NLB，另一块网卡用于节点间通信。在本例中，每台服务器都拥有两块网卡，因此选择单播模式。

（5）单击"下一步"按钮，在"新群集：端口规则"对话框中单击"添加"按钮，弹出"添加/编辑端口规则"对话框，通过设置端口规则，可以基于访问端口控制对群集网络的访问，如图 8-11 所示。

➢ 群集 IP 地址。只有通过该 IP 地址连接 NLB 群集时，才会应用此规则，若勾选"全部"复选框，则所有群集 IP 地址均适用于此规则。

> 端口范围。端口规则所涵盖的端口范围默认是所有的端口。

> 协议。端口规则所覆盖的通信协议，默认同时包含 TCP 与 UDP。

> 筛选模式。"多个主机"表示群集内所有服务器都会处理进入群集的网络访问。"单一主机"表示根据服务器优先级别的高低处理进入群集的网络访问。在本例中，已经为服务器设置了优先级，如图 8-8 所示，因此这里选择"单一主机"单选按钮。

（6）单击"确定"按钮，结束 Win2012-2 服务器的 NLB 配置。

第四步：添加主机到群集。

（1）在 Win2012-1 服务器上安装 Windows NLB。

（2）在 Win2012-2 服务器上打开"网络负载平衡管理器"窗口，右键单击左侧栏中群集 IP 地址"（192.168.1.5）"选项，在弹出的快捷菜单中选择"添加主机到群集"命令，如图 8-12 所示。

图 8-11　编辑端口规则

图 8-12　添加主机到群集

（3）添加 Win2012-1 服务器到群集的设置步骤参阅第三步，需要注意，将 Win2012-1 服务器的"优先级"设置为 1。添加完成后的结果如图 8-13 所示。

图 8-13　在群集中完成主机添加

第五步：测试 Windows NLB。

（1）在 Win2012-3 服务器上打开"DNS 管理器"窗口，新建"nlbtest.com"域，在该域中添加 3 个主机解析记录，分别是 win2012-1、win2012-2 和 www，如图 8-14 所示，具体步骤参考 4.2.1 节第二步。

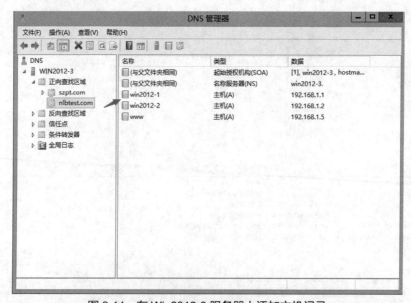

图 8-14　在 Win2012-3 服务器上添加主机记录

（2）在 Win2012-4 上打开 IE 浏览器，分别输入地址 "http://win2012-1.nlbtest.com" "http://win2012-2.nlbtest.com" "http://www.nlbtest.com"，如图 8-15 所示。

因为 Win2012-1 服务器的优先级高于 Win2012-2 服务器，所以通过 "www.nlbtest.com" 访问群集的时候，打开的是 Win2012-1 服务器上的页面。将 Win2012-1 服务器上的网卡 1 禁用，模拟服务器故障，此时再次访问群集，打开的是 Win2012-2 服务器上的页面，如图 8-16 所示，说明 Windows NLB 自动将网络访问切换到正常的 Win2012-2 服务器上，整个过程对用户来说是透明的。

图 8-15　Web Farm 测试

图 8-16　再次访问群集

8.4　本章小结

随着网络通信技术的不断发展，网络服务访问量将急剧增加，单台服务器已经不能满足网络应用的需求，此时需要多台服务器构建群集。本章主要介绍了网络负载均衡器、网络负载均衡技术以及如何基于 Windows NLB 搭建 Web Farm 环境。

网络负载均衡器可以对群集中服务器的运行状况进行监控，及时发现运行异常的服务器，并将访问请求转移到其他可以正常工作的服务器上，从而提高服务器群集的可靠性。采用网络负载均衡器后，企业可以根据业务量的发展情况灵活增减服务器，因此在提高网络服务扩展能力的同时也简化了管理。

基于 Windows NLB 搭建的 Web Farm 环境将负载均衡分布到多台服务器上，从而提高基于 IP 的关键性服务（如 Web、虚拟专用网络、流媒体、终端服务、代理等）的可伸缩性和可用性，同时可检测服务器故障并自动将访问流量重新分配给群集中的其他服务器，提供高可靠性的网络服务。

8.5　章节练习

1. 网络负载均衡的作用是什么？（选 3 项）

A. 增加吞吐量　　　　　　　　B. 增强网络数据处理能力

C. 提高网络的灵活性　　　　　D. 有效防范病毒

2. 网络负载均衡技术的应用有哪些？

3. 请简述网络负载均衡技术的核心原理。

4. 实战：动手配置 Windows NLB。

（1）企业需求

A 公司有两台 Web 服务器，为了让客户能够 24 小时不间断访问公司的 Web 网站，在部署企业局域网时决定采用 Windows Server 2012 R2 服务器的 NLB 功能搭建 Web Farm。请根据实际应用需求进行 IP 地址规划，部署 DNS 服务器和 Windows NLB。在部署过程中请考虑 NLB 的群集操作使用的模式（单播或多播）。

（2）实验环境

可采用 VMware 或 VirtualBox 虚拟机进行实验环境搭建。

第 9 章 路由和桥接的设置

本章要点

- 了解路由器工作原理。
- 掌握路由与远程访问服务的设置。
- 掌握桥接的设置。

路由器（Router）是网络中的核心设备，它工作在开放系统互连（Open System Interconnection，OSI）网络参考模型的网络层（第 3 层），用于连接多个在逻辑上分开的网络，由于这些网络处于不同的网段中，因此路由器最大的作用就是实现处于不同网段的计算机的互连互通。路由器具有判断网络地址和选择转发 IP 路径的功能，它能在多种不同的网络环境（不同的数据分组和介质访问方法）中，建立灵活的连接。目前路由器主要用于企业内部骨干网之间的互连以及企业骨干网与 Internet 的互连。

桥接（Bridging）指根据 OSI 网络参考模型中的数据链路层（第 2 层）的 MAC 地址，对网络数据包进行转发的过程。桥接可以通过硬件与软件两种方式实现，硬件实现是通过桥接器，软件实现是通过在操作系统中设置多网卡的桥接功能。

本章主要介绍如何设置 Windows Server 2012 R2 路由与远程访问服务以及如何在 Windows Server 2012 R2 中实现桥接功能。

9.1　什么是路由器

9.1.1　路由器概述

路由器是常见的网络互连设备，其通常作为网关（Gateway）连接不同类型的网络或者多个在逻辑上分开的网络（处于不同的网段），路由器根据路由表选择转发数据包的路径及端口。路由器与交换机最大的不同点在于，路由器工作在 OSI 参考模型的网络层，而交换机工作在数据链路层。

传统路由器的端口数量有限，转发速度较慢，因此现阶段主流的路由设备采用三层交换机。三层交换机是具有路由器功能的交换机，工作在网络层，其能够做到一次路由，多次转发。数据包转发等规律性的过程由硬件高速实现，而路由信息更新、路由表维护、路由计算、路由确定等功能由软件实现。三层交换技术既实现了数据包的高速转发，又实现了网络路由功能。

9.1.2　路由器的基本功能及分类

路由器的基本功能分为 4 部分。

（1）网络互连。路由器支持各种局域网与广域网接口标准，因此其主要用于局域网之间互连，局域网与广域网互连，以及广域网之间互连，从而实现不同类型网络之间的互连互通。

（2）路由选择。通过路由表选择到达目标网络的最佳路径。

（3）数据处理。包括分组过滤、分组转发、端口多路复用、IP 数据包加密和防火墙等功能。

（4）网络管理。路由器提供路由器配置管理、性能管理、容错管理和流量控制等功能。

根据路由器的功能、结构、所处网络位置的不同特性，可以将路由器进行以下分类。

（1）功能上划分。分为骨干级、企业级与接入级路由器。骨干级路由器用于骨干网之间的互连；企业级路由器用于企业局域网与 Internet 的互连；接入级路由器用于企业内部局域网之间的互连。

（2）结构上划分。分为模块化与非模块化路由器。模块化路由器可以实现路由器的灵活配置，适应企业的业务需求；非模块化路由器只能提供固定的端口。通常情况下，高端路由器是模块化结构的，低端路由器是非模块化结构的。

（3）所处网络位置划分。分为边界路由器与中间节点路由器。边界路由器用于广域网与广域网之间的互连互通，中间节点路由器用于广域网内部。

9.2　路由器的工作原理

路由器是网络互连的主要设备，它通过路由表决定数据包的转发。路由器与路由器之间通过路由算法对自身路由表进行填充和更新。当数据包到达路由器后，路由器会根据数据包中的"目的 IP 地址"查找路由表，从而选择到达目的网络的最佳路径及对应的转发端口，然后通过该端口将数据包转发出去。

路由器分组转发过程如下。

（1）接收到数据包，提取 IP 数据包首部的目的 IP 地址。

（2）判断目的 IP 地址所在的网络是否与路由器直接相连。如果是，就直接将数据包转发到目的网络，如果不是则执行步骤（3）。

（3）检查路由表中是否有到达目的 IP 地址的静态路由。如果有，则按该静态路由进行转发，如果没有则执行步骤（4）。

（4）逐条检查路由表，如果找到匹配路由，则按照路由表进行转发，若所有路由均不匹配则执行步骤（5）。

（5）如果路由表中有默认路由，则按照默认路由进行转发，否则执行步骤（6）。

（6）如果最终没有找到符合条件的路由信息，则向源主机报错，并丢弃该数据包。

路由表搜索流程如图 9-1 所示。

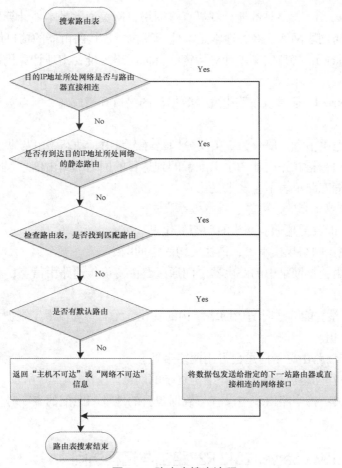

图 9-1　路由表搜索流程

路由表（Route Table）：存储在路由器或计算机中的路由信息表，该表中存放到达特定网络的路径，以及与这些路径相关的度量值（开销）。路由器通过路由表及路由算法，寻找到达目标网络的最佳路径，并通过该路径将数据包转发出去，路由表如图 9-2 所示。

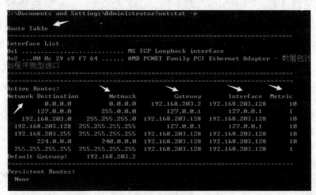

图 9-2　路由表

网络目标（Network Destination）：网络号或 IP 地址。

网络掩码（Netmask）：目标网络的子网掩码。

网关（Gateway）：如果是本地计算机直连网络，网关通常是本地计算机对应的网络接口地址；如果是跨网段网络，网关通常是本地计算机所连接路由器的接口地址。

接口（Interface）：接口定义了针对特定的目标网络地址，本地计算机用于发送数据包的网络接口。

跃点数（Metric）：通过该条路由发送数据包的接口开销成本，跃点数值越低表示此条路由性能越好。

路由表中的路由信息一般分为 3 类，分别是静态路由、动态路由与默认路由。

（1）静态路由：指在路由器中手工配置的到达目的网络的路由信息，除非网络管理员进行干预，否则静态路由表不会发生变化。

- 优点：简单、高效、可靠、转发效率高。
- 缺点：不能灵活地适应网络的动态变化。
- 应用环境：网络规模不大，拓扑结构固定的网络。

（2）动态路由：指网络中的路由器之间通过路由协议传递路由信息，利用收到的路由信息动态更新路由表。

- 优点：灵活，能够适时适应网络结构的变化，无需管理员手工维护，减轻了管理员的工作负担。
- 缺点：传输路由更新信息会占用网络带宽。
- 应用环境：网络规模大，拓扑结构复杂的网络。

（3）默认路由：指当路由表中没有与数据包目的地址相匹配的表项时，路由器默认转发的路由信息。

9.3 Windows Server 2012 R2 路由与远程访问

处于不同网段的计算机之间需要通过路由器来实现通信，如果没有路由器，可以让 Windows Server 2012 R2 服务器扮演路由器的角色。

实例场景：A 公司拥有两个部门，分别处于不同的网段，公司现有网络中并没有配置路由器，因此部门之间不能互相访问。现因公司业务发展，需要实现这两个部门之间的网络互连。这两个部门都可以访问同一台安装了 Windows Server 2012 R2 的服务器。在不改变公司现有网络架构与设备的情况下，如何快速实现网络的互连？由于 Windows 远程桌面服务存在安全漏洞，所以还需要禁止在这两个部门之间使用 Windows 远程桌面服务。

网络拓扑：Win2012-1 客户端位于 192.168.1.0 网络。Win2012-3 客户端位于 192.168.2.0 网络。Win2012-2 为 Windows Server 2012 R2 服务器，其安装了两块网卡，分别与 192.168.1.0 网络、192.168.2.0 网络相连，如图 9-3 所示。

图 9-3 网络拓扑图

解决办法：通过配置 Windows Server 2012 R2 路由与远程访问服务，使服务器具有路由功能，从而实现这两个部门之间的网络互连。再通过添加出站筛选规则，禁用 Windows 远程桌面访问。

第一步：安装与配置路由与远程访问。

（1）在 Win2012-2 服务器上，选择"服务器管理器"→"管理"→"添加角色和功能"选项，在打开的"添加角色和功能向导"窗口，持续单击"下一步"按钮，直到出现"选择服务器角色"界面，勾选右侧"角色"栏中的"远程访问"复选框，如图 9-4 所示。

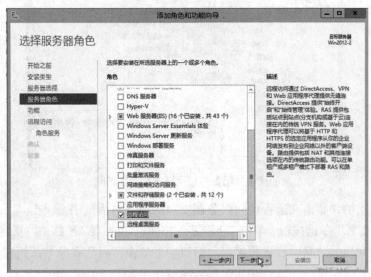

图 9-4　添加远程访问服务

（2）持续单击"下一步"按钮，直到出现"选择角色服务"界面，勾选右侧"角色服务"栏中的"路由"复选框，一般情况下，"DirectAccess 和 VPN（RAS）"复选框会自动勾选，如图 9-5 所示。

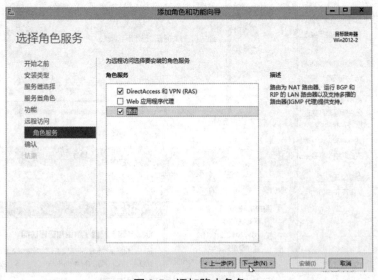

图 9-5　添加路由角色

（3）持续单击"下一步"按钮，直到服务安装完成。接下来还需要对路由和远程访问服务进行配置才能启用。选择"服务器管理器"→"工具"→"路由和远程访问"选项，在打开的"路由和远程访问"窗口中，右键单击左侧列表中的"WIN2012-2"选项，在弹出的快捷菜单中单击"配置并启用路由和远程访问"命令，如图 9-6 所示。

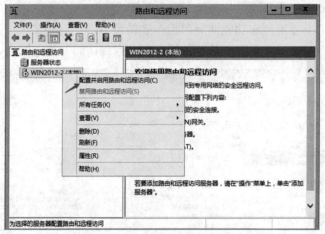

图 9-6　配置并启用路由和远程访问

（4）在弹出的"路由和远程访问服务器安装向导"对话框中，单击"下一步"按钮，选择"自定义配置"单选按钮，单击"下一步"按钮，勾选"LAN 路由"复选框，单击"完成"按钮，在弹出的"路由和远程访问"窗口中，单击"启动服务"按钮，服务启动，如图 9-7 所示。

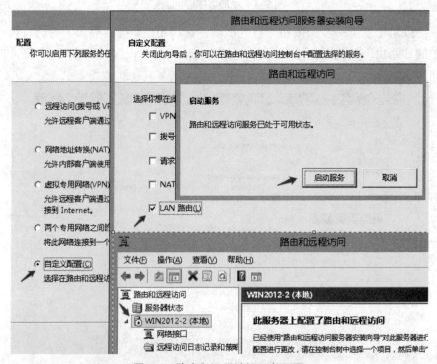

图 9-7　路由和远程访问服务配置

（5）在 Win2012-1 客户端上，打开命令提示符窗口，输入 Ping 命令（ping 192.168.2.1）测试 Win2012-1 客户端与 Win2012-3 客户端之间的网络连通性。建议关闭计算机与服务器上的防火墙。如图 9-8 所示，测试成功，说明服务器的路由功能配置成功。

图 9-8　使用 Ping 命令测试 Win2012-1 与 Win2012-3 之间的网络连通性

（6）回到"路由和远程访问"窗口，双击左侧列表中的"IPv4"选项，在展开的列表中，右键单击"静态路由"选项，在弹出的快捷菜单中单击"显示 IP 路由表"命令，在弹出的"WIN2012-2 -IP 路由表"对话框中可以查看所有对应的路由信息条目，如图 9-9 所示。

图 9-9　显示 IP 路由表

第二步：添加静态路由。

静态路由拓扑如图 9-10 所示。

Win2012-2 与 Win2012-3 均为 Windows Server 2012 R2 服务器，Win2012-2 服务器分别连接 192.168.1.0 网络与 192.168.2.0 网络，Win2012-3 服务器分别连接 192.168.2.0 网络与192.168.4.0 网络。在 Win2012-3 服务器上安装并配置"路由与远程访问"服务，详细操作步骤参阅第一步。

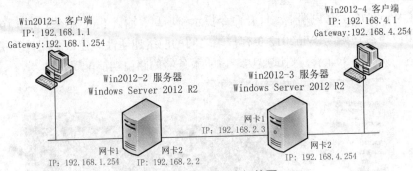

图 9-10　静态路由拓扑图

（1）在 Win2012-2 服务器上，选择"服务器管理器"→"工具"→"路由和远程访问"选项，在打开的"路由和远程访问"窗口双击左侧列表中的"IPv4"选项，在展开的列表中，右键单击"静态路由"选项，在弹出的快捷菜单中单击"新建静态路由"命令，在弹出的"IPv4 静态路由"对话框中，添加 192.168.4.0 网络，"网关"设置为 Win2012-3 服务器网卡 1 的 IP 地址 192.168.2.3，如图 9-11 所示。对于 Win2012-2 来说，所有发往 192.168.4.0 网络的数据包都会发送到 192.168.2.3 接口。

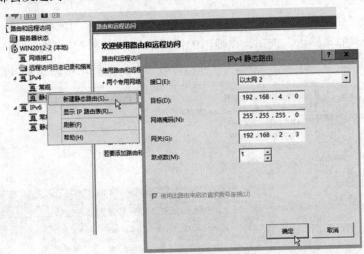

图 9-11　在 Win2012-2 上配置到网络 192.168.4.0 的路由

（2）同样在 Win2012-3 服务器上，新建关于 192.168.1.0 网络的静态路由，"网关"设置为 Win2012-2 服务器网卡 2 的 IP 地址 192.168.2.2。对于 Win2012-3 来说，所有发往 192.168.1.0 网络的数据包都会发送到 192.168.2.2 接口。

（3）在 Win2012-1 客户端上，使用 Ping 命令（ping 192.168.2.3 和 ping 192.168.4.1）分别测试与网关、Win2012-4 客户端之间的网络连通性，如图 9-12 所示，测试成功。

第三步：添加动态路由。

网络中的路由器之间通过路由协议（Routing Protocol）传递路由信息。路由器利用接收到的路由信息动态更新自身路由表。路由协议是路由器中用于确定合适的路径，实现数据包转发的一组信息与规则。按照应用范围的不同，路由协议分为两类：内部网关协议（Interior Gateway Protocol）与外部网关协议（Exterior Gateway Protocol）。

```
                        管理员: C:\Windows\system32\cmd.exe

Microsoft Windows [版本 6.3.9600]
(c) 2013 Microsoft Corporation. 保留所有权利。

C:\Users\Administrator>ping 192.168.2.2

正在 Ping 192.168.2.2 具有 32 字节的数据:
来自 192.168.2.2 的回复: 字节=32 时间<1ms TTL=127
来自 192.168.2.2 的回复: 字节=32 时间<1ms TTL=127

192.168.2.2 的 Ping 统计信息:
    数据包: 已发送 = 2, 已接收 = 2, 丢失 = 0 (0% 丢失),
往返行程的估计时间(以毫秒为单位):
    最短 = 0ms, 最长 = 0ms, 平均 = 0ms
Control-C
^C
C:\Users\Administrator>ping 192.168.2.3

正在 Ping 192.168.2.3 具有 32 字节的数据:
来自 192.168.2.3 的回复: 字节=32 时间<1ms TTL=126
来自 192.168.2.3 的回复: 字节=32 时间<1ms TTL=126

192.168.2.3 的 Ping 统计信息:
    数据包: 已发送 = 2, 已接收 = 2, 丢失 = 0 (0% 丢失),
往返行程的估计时间(以毫秒为单位):
    最短 = 0ms, 最长 = 1ms, 平均 = 0ms
Control-C
^C
C:\Users\Administrator>ping 192.168.4.1

正在 Ping 192.168.4.1 具有 32 字节的数据:
来自 192.168.4.1 的回复: 字节=32 时间<1ms TTL=127
来自 192.168.4.1 的回复: 字节=32 时间<1ms TTL=127
来自 192.168.4.1 的回复: 字节=32 时间<1ms TTL=127
来自 192.168.4.1 的回复: 字节=32 时间<1ms TTL=127

192.168.4.1 的 Ping 统计信息:
    数据包: 已发送 = 4, 已接收 = 4, 丢失 = 0 (0% 丢失),
往返行程的估计时间(以毫秒为单位):
    最短 = 0ms, 最长 = 0ms, 平均 = 0ms

C:\Users\Administrator>
```

图 9-12　使用 Ping 命令测试 Win2012-1 与网关、Win2012-4 之间的网络连通性

　　Windows Server 2012 R2 提供对 RIPv2 协议的支持。RIPv2 协议是一种距离矢量的路由协议，它属于内部网关协议。RIPv2 协议中的"距离"代表跳数，"矢量"代表方向，使用跳数作为度量值来衡量到达目标网络的距离。路由器配置 RIPv2 协议后，会周期性发送RIPv2 路由更新信息，网络上收到请求的路由器会发送自己的路由信息进行响应，路由器之间通过 RIPv2 协议交换各自的路由信息后，会根据一定的规则生成路由表，此时网络达到稳定状态。RIPv2 协议使用 UDP 承载报文，其中 UDP 端口号为 520。如图 9-13 所示，以路由器 1 为例，其直连的网络（A、B、C）会直接出现在路由表中，当它与路由器 2、路由器 3 通过 RIP 以协议交换路由信息后，路由表中会生成到达网络 D 与网络 E 的路由信息。

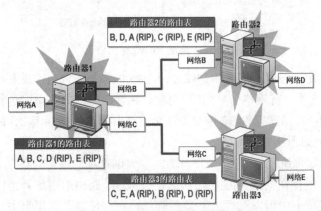

图 9-13　动态路由 RIP

　　添加动态路由信息，网络拓扑如图 9-10 所示。

（1）在 Win2012-2 服务器上删除静态路由。在"路由和远程访问"窗口，单击左侧列表中的"IPv4"→"静态路由"选项，在右侧"静态路由"界面中，右键单击在上一步中设置的静态路由条目，在弹出的快捷菜单中单击"删除"命令，如图 9-14 所示。

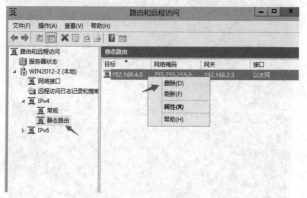

图 9-14　删除静态路由

（2）右键单击左侧列表中的"IPv4"→"常规"选项，在弹出的快捷菜单中选择"新增路由协议"命令，在弹出的"新路由协议"对话框中，选择"RIP Version 2 for Internet Protocol"选项，如图 9-15 所示。

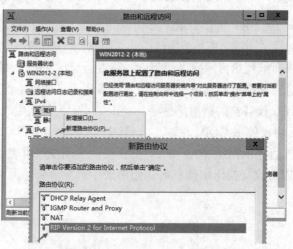

图 9-15　添加 RIPv2 路由协议

（3）单击"确定"按钮，完成 RIPv2 路由协议的添加，此时左侧栏中的"IPv4"选项下会出现"RIP"选项，右键单击"RIP"选项，在弹出的快捷菜单中选择"新增接口"命令，根据拓扑图 9-10，与 Win2012-3 服务器交换路由信息的是网卡 2，因此这里需要选择"以太网 2"选项，如图 9-16 所示。

（4）单击"确定"按钮，弹出"RIP 属性 - 以太网选项属性"对话框。在"常规"选项卡中可以设置 RIP 的操作模式、传出/传入数据包协议、路由的附加开销以及激活身份验证等。在"安全"选项卡中可以设置 RIP 路径筛选。在"邻居"选项卡中，可以设置与相邻路由器通信的方式（广播、多播）以及使用邻居列表。在"高级"选项卡中，可以设置 RIP 的相关参数，如图 9-17 所示。

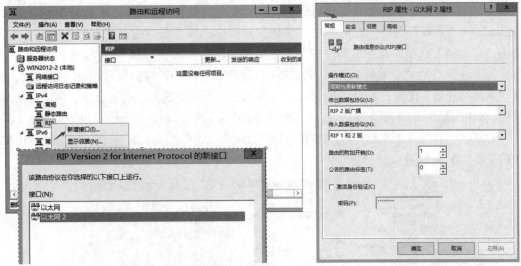

图 9-16 选择应用 RIPv2 路由协议的网卡   图 9-17 设置 RIP 属性

（5）在 Win2012-3 服务器上，按照上述步骤进行同样操作，设置完成后，打开 Win2012-2 服务器上的"路由和远程访问"窗口，右键单击左侧列表中的"静态路由"选项，在弹出的快捷菜单中单击"显示 IP 路由表"命令，弹出"WIN2012-2 - IP 路由表"对话框，图中被选中的条目即为通过 RIP 动态获得的路由信息，如图 9-18 所示。

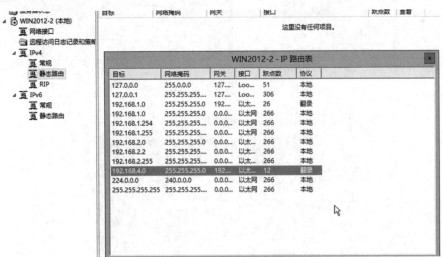

图 9-18 通过 RIP 动态获得的路由信息

第四步：筛选数据包。

路由器数据包筛选主要是通过分析入站或出站的数据包，以及根据既定的规则传递或阻止数据包来控制计算机对网络的访问。Windows Server 2012 R2 路由功能可以根据源和目的 IP 地址、传输协议类型、端口号来对入站或者出站的数据包进行筛选。

配置数据包筛选规则时，应注意以下两点。

➢ 确定应用筛选规则的物理设备，即网卡。

➢ 确定筛选数据的方向（入站或出站）。

（1）在 Win2012-2 服务器上打开"路由和远程访问"窗口，单击左侧列表中的"IPv4"→"常规"选项，在右侧的"常规"界面中选择需要应用筛选规则的网卡，右键单击"以太网"选项，在弹出的快捷菜单中单击"属性"命令。

（2）在弹出的"以太网 属性"对话框中，勾选"启用 IP 路由器管理器"复选框，单击"入站筛选器"按钮，如图 9-19 所示，在弹出的"入站筛选器"对话框中，单击"新建"按钮，弹出"添加 IP 筛选器"对话框，勾选"源网络"复选框，输入"IP 地址"为"192.168.1.0"，"子网掩码"为"255.255.255.0"，选择"协议"为"ICMP"，"ICMP 类型"为"8"，"ICMP 代码"为"0"，如图 9-20 所示。

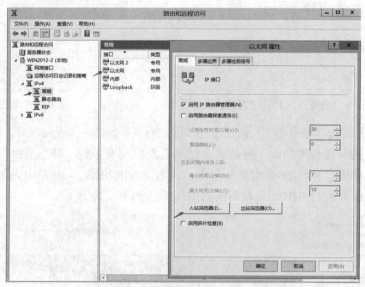

图 9-19　选择应用数据筛选的网卡

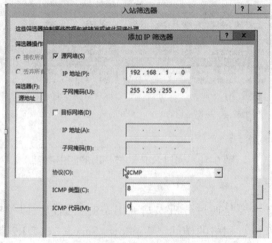

图 9-20　添加筛选规则

这样设置会拒绝来自 192.168.1.0 网络的 ICMP 数据包，因此在 Win2012-1 客户端上使用 Ping 命令（ping 192.168.1.254）进行网络连通性测试时，会出现"请求超时"的提示，如图 9-21 所示。

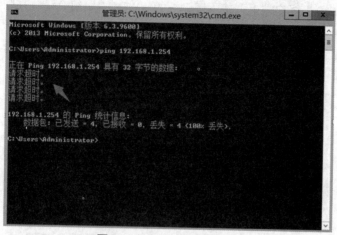

图 9-21　显示"请求超时"

第五步：配置远程桌面服务。

Windows 远程桌面服务在应用层上使用远程桌面协议（Remote Desktop Protocol），在网络层上使用 TCP，对应端口号是 3389。远程桌面服务开启之后，通过远程桌面连接命令实现对服务器或计算机的远程管理，网络拓扑如图 9-3 所示。

（1）在 Win2012-2 服务器上，单击任务栏中的 图标，单击"控制面板"选项，在打开的"所有控制面板项"窗口中，单击"系统"图标，打开"系统"窗口，单击左侧工具栏中的"远程设置"选项，在弹出的"系统属性"对话框中，选择"允许远程连接到此计算机"单选按钮，单击"确定"按钮，如图 9-22 所示。

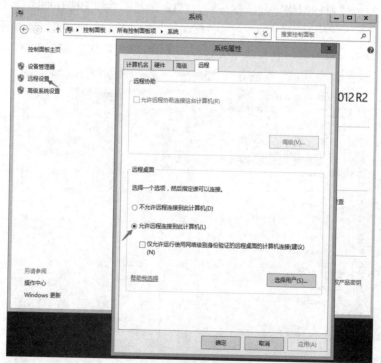

图 9-22　配置远程桌面服务

（2）在 Win2012-1 客户端上，按下键盘上的"WIN+R"组合键，在弹出的"运行"对话框中，输入"mstsc"，打开"远程桌面连接"窗口，输入 Win2012-2 服务器的 IP 地址 192.168.1.254，单击"连接"按钮，输入管理员账号和密码后就可以远程登录 Win2012-2 服务器，如图 9-23 所示。

图 9-23　远程桌面登录

（3）通过添加数据筛选规则，可以禁止跨网段的远程桌面访问，例如，禁止 Win2012-1 客户端远程访问 Win2012-3 客户端。具体操作过程见第四步。在以太网 2 上添加相应的出站筛选规则，勾选"目标网络"复选框，输入"IP 地址"为"192.168.2.0"，"子网掩码"为"255.255.255.0"，"协议"为"TCP"，"目标端口"为"3389"，如图 9-24 所示。以太网 2 的网络接口会根据设置筛选所有去往 192.168.2.0 网络，使用 TCP、3389 端口的数据包。

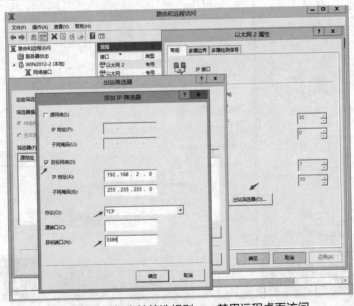

图 9-24　添加出站筛选规则——禁用远程桌面访问

9.4　桥接的设置

桥接（Bridging）指根据 OSI 网络参考模型中的数据链路层地址，对网络数据包进行转发的过程。设置桥接可以快速地将处于不同网段的网络互连为一个逻辑上的网络，使该网络上的所有用户都可以互连互通。Windows Server 2012 R2 服务器也支持桥接功能。

实例场景：A 公司拥有两个部门，分别处于不同的网段，由于路由器出现故障，造成这两个部门之间的网络不能互相访问，另外这两个部门都可以访问同一台安装了 Windows Server 2012 R2 的服务器。在不改变公司现有网络架构与设备的情况下，如何快速实现两个部门之间的网络互连？

网络拓扑：Win2012-1 客户端位于 192.168.1.0 网络；Win2012-3 客户端位于 192.168.2.0 网络；Win2012-2 为 Windows Server 2012 R2 服务器，其安装了两块网卡，分别连接 192.168.1.0 网络和 192.168.2.0 网络，如图 9-3 所示。

解决办法：由于服务器安装了两块网卡，分别与这两个部门的网络相连，因此通过在服务器上设置桥接，可以快速实现这两个部门之间的网络互连。

（1）在 Win2012-2 服务器上打开"路由和远程访问"窗口，右键单击左侧列表中的"WIN2012-2"选项，在弹出的快捷菜单中单击"所有任务"→"停止"命令，这样可以停止 Win2012-2 服务器上的路由与远程访问服务，如图 9-25 所示。

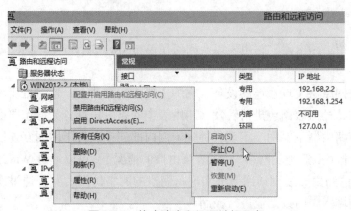

图 9-25　停止路由和远程访问服务

（2）在 Win2012-2 服务器上，打开"控制面板"窗口，单击"网络和共享中心"图标，在弹出的"网络和共享中心"窗口中，单击左侧栏中的"更改适配器设置"选项，在弹出的"网络连接"窗口中，同时选择 Win2012-2 服务器上的两块网卡，右键单击，在弹出的快捷菜单中选择"桥接"命令，如图 9-26 所示。桥接后会出现一个网桥（Network Bridge）。

网桥的建立，使得 Win2012-1、Win2012-2 和 Win2012-3 处于同一网络，因此在 Win2012-3 客户端上将 IP 地址设置为 192.168.1.3，使用 Ping 命令（ping 192.168.1.1）测试其与 Win2012-1 客户端的网络连通性，测试成功。

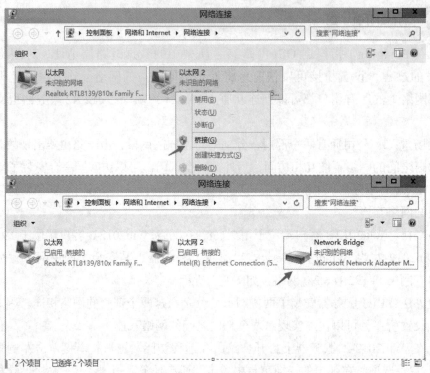

图 9-26　桥接两个网卡

9.5　本章小结

本章主要介绍了路由器、路由表以及如何在 Windows Server 2012 R2 系统中配置路由和远程访问服务。

路由器是在网络层实现互连的设备，它的主要作用有两个：连接处于不同网段的网络以及选择最优的路径对数据包进行转发。路由表中的路由信息分为静态路由、动态路由和默认路由。目前路由器主要用于实现各种骨干网内部连接、骨干网间互连以及骨干网与互联网的互连。对于小型的企业网络，在没有路由器的情况下，可以通过 Windows Server 2012 R2 系统中自带的路由和远程访问服务实现跨网段的网络访问，并且通过设置筛选数据规则，灵活地对局域网中的数据流进行控制。

通过将 Windows Server 2012 R2 服务器中的两张网卡进行桥接，能够快速地将两个不同的网段连接在一起，在逻辑上形成一个大的网络。

9.6　章节练习

1. 路由器的特点是什么？（选 2 项）

A. 工作在数据链路层

B. 工作在网络层

C. 使用路由表决定转发路径

D. 不能跨网段

2. 请简述路由器转发数据包的流程。

3. 动态路由和静态路由的区别是什么？各自有什么特点？

4. 实战：动手配置路由与远程访问功能。

（1）企业需求

A 公司拥有 4 个部门，部署企业局域网时决定采用 Windows Server 2012 R2 服务器的路由与远程访问功能实现不同网段之间的网络连通。请根据实际应用需求进行 IP 地址规划和 IP 网段划分，部署路由与远程访问功能时请考虑路由选择方式（动态或静态）。局域网中禁止跨网段的远程桌面访问。

（2）实验环境

可采用 VMware 或 VirtualBox 虚拟机进行实验环境搭建。

第 ⑩ 章 网络地址转换

本章要点

- 了解 NAT 技术的核心原理。
- 掌握 NAT 技术的应用。
- 掌握 NAT 网关的配置。

IP 地址分为两类，分别是私有 IP 地址（Private IP）与公用 IP 地址（Public IP）。位于内部网络中的计算机使用的是私有 IP 地址，其不需要向 IP 地址发放机构提出申请。私有 IP 地址数量多，因此不会出现 IP 地址不够用的情况。私有 IP 地址只能在内部网络中使用，因此当内部网络计算机与外部网络进行通信时，必须将内部私有 IP 地址转换为外部公用 IP 地址。

具有网络地址转换（Network Address Translation，NAT）功能的网关设备能够自动将内部私有 IP 地址转换为外部公用 IP 地址，从而实现内部网络计算机共享少量的公用 IP 地址，同时访问 Internet。NAT 技术能够有效地解决公用 IP 地址紧缺的问题，同时由于 NAT 技术屏蔽了内部网络，所有处于内部网络中的计算机对于外部网络来说是不可见的，因此也提高了内部网络的安全性。

Internet 连接共享（Internet Connection Sharing，ICS）是 Windows 系统为家庭网络或小型局域网络提供的一种服务，它能够快速实现内网多台计算机同时通过 ICS 计算机访问 Internet。

10.1 NAT 技术及其应用

10.1.1 什么是 NAT

网络地址转换（NAT）是一个 Internet 工程任务组（Internet Engineering Task Force，IETF）标准，它允许一个整体机构以一个公用 IP 地址出现在 Internet 上。它是一种把内部网络（私有 IP 地址）转换成外部网络（公用 IP 地址）的技术。NAT 在一定程度上能够有效地解决公用 IP 地址不足的问题。

在整个 NAT 转换过程中，有以下 5 个特性。

（1）网络被分为内部私有网络（内网）和外部公用网络（外网），NAT 网关设置在内网和外网的路由出口位置，内、外网的双向流量都必须经过 NAT 网关。

（2）外网计算机只能通过 NAT 转换后的公用 IP 地址访问内网计算机。

（3）NAT 网关在两个方向（出口和入口）上完成 IP 地址的转换，在出口方向进行"源 IP 地址"转换，在入口方向进行"目的 IP 地址"转换。

（4）NAT 网关对通信双方来说是保持透明的。

（5）NAT 网关需要维护一张关联表，对相关会话信息进行保存。

10.1.2　IP 地址的分类

IP 地址分为以下 3 类。

1. 公用 IP 地址

公用 IP 地址也称为全局地址，是由网络信息中心（NIC）或者网络服务提供商（ISP）分配的地址，它也是全球统一的、可寻址的、合法的 IP 地址。通过公用 IP 地址可以直接访问 Internet。

2. 私有 IP 地址

私有 IP 地址也称为内部地址，属于非注册地址，专门用于组织机构内部网络。互联网数字分配机构（IANA）保留了 3 块 IP 地址段作为私有 IP 地址，分别是 A 类私有地址 10.0.0.0 ~ 10.255.255.255，B 类私有地址 172.16.0.0 ~ 172.31.255.255，C 类私有地址 192.168.0.0 ~ 192.168.255.255。

3. 保留地址

A 类保留地址 127.0.0.0 ~ 127.255.255.255，用于循环测试。B 类保留地址 169.254.0.0 ~ 169.254.255.255。如果 IP 地址是自动获取的，而网络上又没有找到可用的 DHCP 服务器，此时将从 169.254.0.1 ~ 169.254.255.254 中临时获得一个 IP 地址。

10.1.3　NAT 技术的应用

一般情况下，公司、学校等企业内部网络中的计算机都会使用私有 IP 地址。由于企业能够获得的公用 IP 地址数量十分有限，不可能满足所有内部网络计算机同时接入 Internet 的需求，因此需要使用 NAT 技术，将多个私有 IP 地址与公用 IP 地址进行映射，从而满足企业内部网络接入 Internet 的需求。

当 Internet 用户访问内部网络提供的应用服务（如 Web、FTP）时，由于内网的私有 IP 地址无法在 Internet 上使用，因此需要使用 NAT 技术，将收到的来自 Internet 用户的连接请求转发到内网服务器上，再将内网服务器的响应转发给 Internet 用户。由于外部网络不直接与内部网络通信，而是通过 NAT 网关进行中转，因此在一定程度上保障了企业内部网络的安全。

10.2　NAT 技术原理

NAT 技术的核心原理是当内部网络计算机和公用网络计算机通信时，将内部网络计算机的私有 IP 地址与 NAT 网关的公用 IP 地址进行转换。NAT 网关屏蔽了内部网络，因此所有内部网络的计算机对于外部公用网络来说是透明的。NAT 转换过程是自动完成的，因此 NAT 网关对于内部网络计算机来说也是透明的。NAT 功能通常被集成到路由器、防火墙或单独的 NAT 设备中。

10.2.1　NAT 技术的核心原理

内部网络客户端 A 与公用网络 Web Server 服务器通信，当 IP 数据包经过 NAT 网关时，其源地址或目的地址在私有 IP 与公用 IP 之间进行转换，网络拓扑如图 10-1 所示。

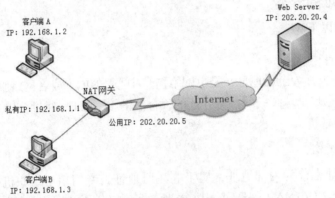

图 10-1　NAT 技术的网络拓扑图

NAT 网关有 2 个网络端口，分别是处于公用网络的端口（公用 IP：202.20.20.5）和处于内部网络的端口（私有 IP：192.168.1.1）。内部网络中的客户端 A（IP：192.168.1.2）向公用网络中的 Web Server 服务器（IP：202.20.20.4）发送 IP 数据包时，其目的地址（Dst）的值为 202.20.20.4，源地址（Src）的值为 192.168.1.2。当 IP 数据包经过 NAT 网关时，NAT 网关会将 IP 数据包中的源地址（Src）转换为 NAT 网关的公用 IP 地址并转发到 Internet，此时 IP 数据包中的源地址（Src）的值为 202.20.20.5，目的地址（Dst）的值仍为 202.20.20.4，因此经过转换的数据包中已经不含有任何内部网络的 IP 地址信息。

Web Server 服务器响应数据包的源地址（Src）的值为 202.20.20.4，目的地址（Dst）的值为 202.20.20.5，当 NAT 网关收到来自 Web Server 服务器的响应数据包后，将目的地址（Dst）的值转换为内部网络中客户端 A 的 IP 地址 192.168.1.2。

对于客户端 A 与 Web Server 服务器来说，中间的地址转换过程是完全透明的，如图 10-2 所示。

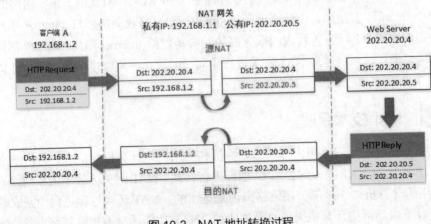

图 10-2　NAT 地址转换过程

10.2.2 NAT 的类型

NAT 有 3 种类型：静态 NAT（Static NAT）、动态 NAT（Pooled NAT）、端口多路复用 PAT（Port Address Translation）。

1. 静态 NAT

静态 NAT 指将内部网络的私有 IP 地址与公用 IP 地址结合，形成一种固定的一对一映射关系，静态映射不会从 NAT 转换表中删除。

2. 动态 NAT

动态 NAT 指内部网络的私有 IP 地址与外部网络的公用 IP 地址之间的映射关系是不确定的。NAT Table 中的记录是动态的，如果内部网络计算机在一定时间内没有和外部网络通信，那么与其相关的 IP 地址映射（Address Mapping）关系将会被删除，并且会将该公用 IP 地址分配给需要的计算机，从而形成新的 NAT Table 映射记录。当互联网服务提供商（ISP）提供的公用 IP 地址略少于内部网络的计算机数量时，可以采用动态转换的方式。

3. 端口多路复用 PAT

端口多路复用 PAT 指改变数据包的源端口并进行端口转换，使内部网络的所有计算机均可共享一个合法的外部公用 IP 地址，以实现对 Internet 的访问，从而可以最大限度地节约 IP 地址资源。因此，目前网络中应用最多的就是端口多路复用方式。

10.3 NAT 网关的安装与配置

Windows Server 2012 R2 服务器可以被配置为 NAT 网关，其具有以下特点。

（1）内部网络中使用私有 IP 地址的计算机，通过 NAT 网关共享一个公用 IP 地址连接到 Internet。

（2）支持 DHCP 功能，为内部网络计算机自动分配 IP 地址。

（3）支持 TCP/UDP 端口映射功能，使 Internet 用户可以访问内部网络提供的应用服务，如 Web 网站、电子邮件服务器等。

（4）NAT 网关的外部网络接口可以使用多个公用 IP 地址，通过配置地址映射功能，使 Internet 用户通过不同的公用 IP 地址访问内部网络提供的应用服务。

实例场景：A 公司从网络服务提供商（ISP）获得一个公用 IP 地址，如何利用这个唯一的公用 IP 地址，使得公司内部网络的所有计算机能够同时访问 Internet？

网络拓扑：A 公司网络拓扑如图 10-3 所示。Win2012-1 是公司内部网络中的一台计算机，IP 地址为 192.168.0.100。Win2012-2 是一台安装了 Windows Server 2012 R2 的服务器，其安装了两个网卡，分别是：连接内部网络的网卡 1，IP 地址为 192.168.0.1；连接外部网络的网卡 2，IP 地址为 211.162.65.19。Win2012-3 模拟 Internet 中的计算机，IP 地址为 211.162.65.100。

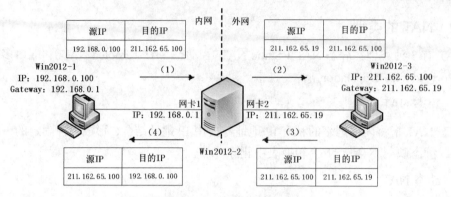

图 10-3　A 公司网络拓扑图

解决办法：配置 Windows Server 2012 R2 服务器为 NAT 网关，实现内部网络计算机访问 Internet。

第一步：NAT 网关的安装与配置。

（1）在 Win2012-2 计算机上配置 NAT 服务，需要先安装好"路由和远程访问"服务。具体操作步骤可参阅 9.3 节中的相关内容。选择"服务器管理器"→"工具"→"路由和远程访问"选项，在打开的"路由和远程访问"窗口中右键单击左侧列表中的"WIN2012-2"选项，在弹出的快捷菜单中选择"配置并启用路由和远程访问"命令，在弹出的"路由和远程访问服务器安装向导"对话框中，单击"下一步"按钮，选择"网络地址转换（NAT）"单选按钮，如图 10-4 所示。

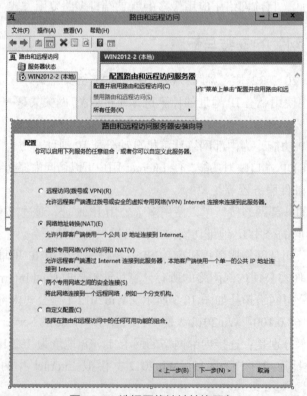

图 10-4　选择网络地址转换服务

（2）单击"下一步"按钮，设置连接到 Internet 的公共接口，根据网络拓扑图 10-3，在"网络接口"列表中选择"以太网 2"选项，如图 10-5 所示。

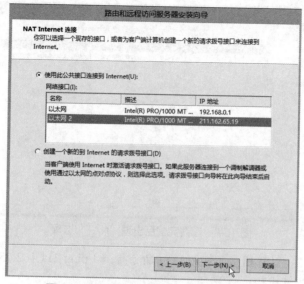

图 10-5　设置连接到 Internet 的网络接口

（3）如果检测不到"以太网"接口所连接的内部网络（192.168.0.0）提供的 DHCP 和 DNS 服务，就会出现图 10-6 所示的对话框。选择"启用基本的名称和地址服务"单选按钮，使 Win2012-2 服务器提供 DHCP 和 DNS 服务，将内部网络计算机的 IP 地址设置为"自动获取"即可。

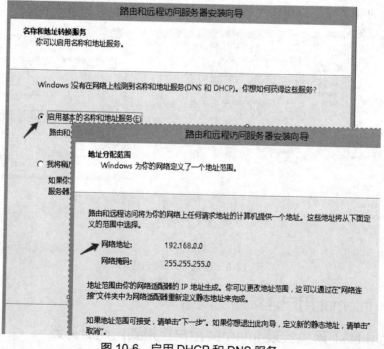

图 10-6　启用 DHCP 和 DNS 服务

（4）配置完成后，在"路由和远程访问"窗口单击左侧列表中的"IPv4"→"NAT"选项，如图 10-7 所示。

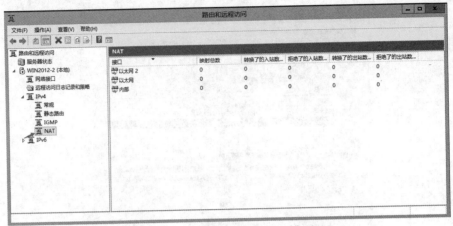

图 10-7　配置完成后出现"NAT"选项

（5）在 Win2012-1 计算机上，使用 Ping 命令测试（ping 211.162.65.100）与 Win2012-3 计算机的连通性，测试成功。

第二步：配置 DHCP 分配器。

DHCP 分配器扮演类似 DHCP 服务器的角色，其用于给内部网络的客户端分配 IP 地址。

在"路由和远程访问"窗口中，右键单击左侧列表中的"NAT"选项，在弹出的快捷菜单中单击"属性"命令，在弹出的"NAT 属性"对话框中，单击"地址分配"选项卡，"IP地址""掩码"会根据 NAT 网关连接内网的网卡 IP 地址默认生成。单击"排除"按钮，可以添加需要保留的 IP 地址，以免这些地址被分配给客户端，如图 10-8 所示。

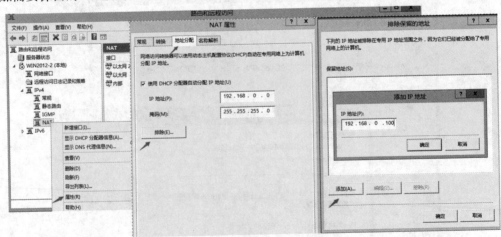

图 10-8　设置 DHCP 分配器

10.4　Internet 用户连接内部网络

10.4.1　使用 NAT 网关实现 Internet 用户连接到内网服务器

由于内部网络计算机客户端的 IP 地址是私有地址，因此这种 IP 地址不会暴露在 Internet

上。如果 Internet 用户需要连接处于内部网络的服务器（如 Web 网站），此时就需要通过 NAT 网关来转发响应。

实例场景：A 公司员工在家工作时需要访问公司内部网络的 Web 服务器，公司从网络服务提供商（ISP）获得一个公用 IP 地址。如何利用这个唯一的公用 IP 地址，使得员工能够通过 Internet 访问公司内网 Web 服务器？如果公司获得两个及以上的公用 IP 地址，又该如何实现呢？

网络拓扑：A 公司网络拓扑如图 10-9 所示。Win2012-1 是公司内部网络中的一台 Web 服务器，IP 地址为 192.168.0.100。Win2012-2 是一台安装了 Windows Server 2012 R2 的服务器，其安装了两个网卡，分别是：连接内部网络的网卡 1，IP 地址为 192.168.0.1；连接外部网络的网卡 2，IP 地址为 211.162.65.19。Win2012-3 模拟 Internet 中的员工计算机，IP 地址为 211.162.65.100。

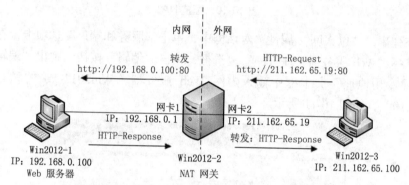

图 10-9　外网用户访问内网服务器的网络拓扑图

解决办法：配置 Windows Server 2012 R2 服务器为 NAT 网关。如果只有一个公用 IP 地址，通过配置 NAT 端口重定向，实现 Internet 用户访问内网 Web 服务器。如果有两个及以上的公用 IP 地址，则通过配置 NAT 地址映射，实现 Internet 用户访问内网 Web 服务器。

Win2012-1 是 Web 服务器，默认使用 80 端口，位于内部网络。Win2012-3 是位于外部网络的用户计算机，它无法通过 "http://192.168.0.100" 访问 Win2012-1 提供的 Web 服务，此时需要在 NAT 网关上设置 "端口重定向"，当 Win2012-3 通过 "http://211.162.65.19" 访问 Web 服务时，NAT 网关会自动将 80 端口收到的 HTTP-Request 转发给 Win2012-1，Win2012-1 收到请求后发送 HTTP-Response，NAT 网关收到后，再将 HTTP-Response 自动转发给 Win2012-3，这样就实现了外部网络用户与内部网络服务器之间的通信。

第一步：配置 Web 服务器。

（1）在 Win2012-1 上配置静态 IP 地址为 192.168.0.100，子网掩码为 255.255.255.0，默认网关为 192.168.0.1。操作步骤参考 2.2 节中的相关内容。

（2）配置 IIS 搭建网站，操作步骤参考 5.2 节第三步。

第二步：配置 NAT 端口重定向。

（1）在 Win2012-2 NAT 网关上，选择 "服务器管理器" → "工具" → "路由和远程访问" 选项，在弹出的 "路由和远程访问" 窗口中，单击左侧列表中的 "NAT" 选项，在右侧的界面中右键单击 "以太网 2"（连接外网的网卡）选项，在弹出的快捷菜单中单击 "属性"命令，如图 10-10 所示。

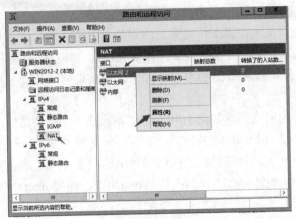

图 10-10　配置 NAT

（2）在弹出的"以太网 2 属性"对话框中，单击"服务和端口"选项卡，在"服务"列表中，选择"Web 服务器（HTTP）"复选框，单击"编辑"按钮，弹出"编辑服务"对话框，在"专用地址"文本框中输入内网 Web 服务器（Win2012-1）的私有 IP 地址（192.168.0.100），如图 10-11 所示。

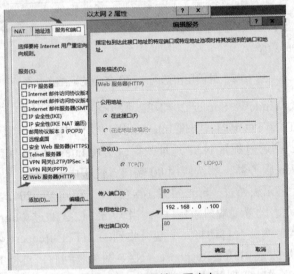

图 10-11　配置端口重定向

第三步：测试。

在 Win2012-3 计算机上打开 IE 浏览器，输入地址"http://211.162.65.19"，打开内网 Web 网站页面，测试成功，如图 10-12 所示。

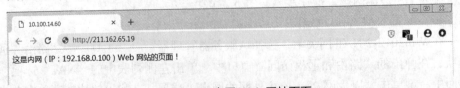

图 10-12　内网 Web 网站页面

第四步：配置 NAT 地址映射。

如果 NAT 网关连接外网的网卡拥有多个 IP 地址，则可以利用地址映射方式为特定的计算机保留特定的 IP 地址。网络拓扑如图 10-13 所示。

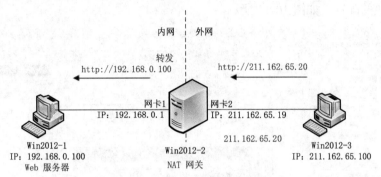

图 10-13　地址映射网络拓扑图

地址映射与端口重定向的区别。

➢ 地址映射转换的是 IP 地址。

➢ 端口重定向不仅仅转换 IP 地址，还转换端口。

（1）在 Win2012-2 NAT 网关上，设置网卡 2 的 IP 地址，如图 10-14 所示，打开网卡 2 的"Internet 协议版本 4（TCP/IPv4）属性"界面，单击"高级"按钮，选择"IP 设置"选项卡，单击"添加"按钮，在弹出的"TCP/IP 地址"对话框中输入"IP 地址"为"211.162.65.20"，"子网掩码"为"255.255.255.0"，这样网卡 2 就同时拥有了两个 IP 地址，分别是 211.162.65.19 和 211.162.65.20。

图 10-14　为网卡 2 添加一个 IP 地址

（2）在 Win2012-2 NAT 网关上，打开"路由和远程访问"窗口，单击左侧列表中的"NAT"选项，在右边的界面中右键单击"以太网 2"选项（连接外网的网卡），在弹出的快捷菜单中单击"属性"命令，在"以太网 2 属性"对话框中，单击"地址池"选项卡，单击"添加"按钮，在弹出的"编辑地址池"对话框中输入"起始地址"为"211.162.65.19"，"掩码"为"255.255.255.0"，"结束地址"为"211.162.65.20"，单击"确定"按钮，完成网卡 2 上地址池的配置，如图 10-15 所示。

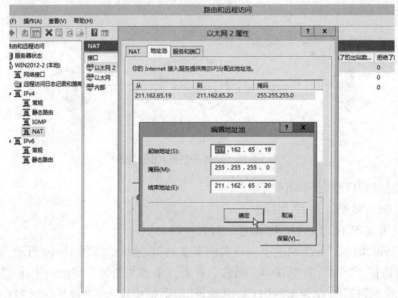

图 10-15　编辑地址池

（3）单击"保留"按钮，设置为内网计算机保留的外网公用 IP 地址，如图 10-16 所示。将公用 IP 地址 211.162.65.20 与内网计算机的私有 IP 地址 192.168.0.100 进行映射。

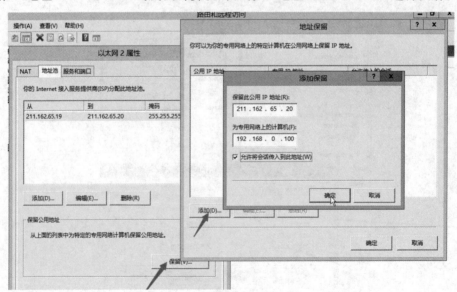

图 10-16　设置地址映射

（4）在 Win2012-3 计算机上打开 IE 浏览器，输入地址"http://211.162.65.20"，可以打开内网 Web 网站页面，测试成功。

10.4.2 Internet 连接共享

Internet 连接共享（ICS）实际上相当于一种网络地址转换器，在 IP 数据包的传递过程中，它可以转换其 IP 地址与 TCP/UDP 端口信息。家庭网络或小型局域网络中的计算机通过 ICS 将私有 IP 地址转换成唯一的公用 IP 地址，从而实现 Internet 共享连接。

ICS 的特点包括以下几点。

（1）只支持一个公用网络接口。

（2）只支持一个公用 IP 地址，因此没有地址映射功能。

（3）DHCP 分配器只会分配网络 IP 为 192.168.137.0/24 的 IP 地址。

（4）无法停用 DHCP 分配器，也无法修改其设置，因此如果内网中已经存在 DHCP 服务器，则需要合理设置，避免 DHCP 分配器与 DHCP 服务器所分配的 IP 地址冲突。

实例场景：A 公司从网络服务提供商（ISP）获得一个公用 IP 地址，在不配置 NAT 网关的情况下，如何利用这个唯一的公用 IP 地址，使得员工能够访问 Internet，并且实现 Internet 客户访问公司内网 Web 服务器？

网络拓扑：A 公司网络拓扑如图 10-17 所示。Win2012-1 是公司内部网络中的一台 Web 服务器，IP 地址为 192.168.0.100。Win2012-2 是一台安装了 Windows Server 2012 R2 的服务器，其安装了两个网卡，分别是：连接内部网络的网卡 1，IP 地址为 192.168.0.1；连接外部网络的网卡 2，IP 地址为 211.162.65.19。Win2012-3 模拟 Internet 中的用户计算机，IP 地址为 211.162.65.100。

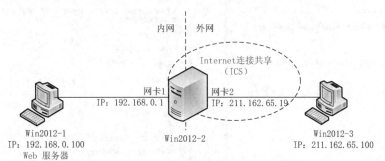

图 10-17　Internet 连接共享网络拓扑图

解决办法：在 Windows Server 2012 R2 服务器上配置 Internet 连接共享（ICS），实现内部网络访问 Internet，通过配置 ICS 属性中的"服务"项，实现 Internet 用户访问内网 Web 服务器。

由于 ICS 与路由和远程访问服务不能同时启用，因此需要在 Win2012-2 服务器上禁用路由和远程访问服务。具体操作步骤如下。

（1）在 Win2012-2 服务器上，选择"服务器管理器"→"工具"→"路由和远程访问"选项，在打开的"路由和远程访问"窗口中，右键单击左侧列表中的"WIN2012-2"选项，在弹出的快捷菜单中单击"禁用路由和远程访问"命令，如图 10-18 所示。

（2）ICS 需要在连接外网的网卡上配置，因此在 Win2012-2 服务器上选择"网络连接"选项，右键单击"以太网 2"（网卡 2），在弹出的快捷菜单中选择"属性"命令，在打开的

"以太网 2 属性"对话框中，单击"共享"选项卡，勾选"允许其他网络用户通过此计算机的 Internet 连接来连接"复选框，如图 10-19 所示。

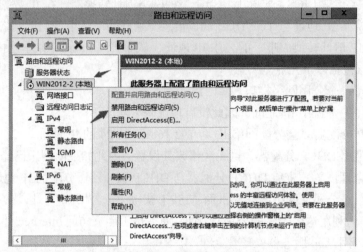

图 10-18　禁用路由和远程访问

（3）单击"确定"按钮，完成 ICS 设置。以太网（网卡 1）的 IP 地址会自动变成 192.168.137.1，将其手工改为静态 IP 地址 192.168.0.1，如图 10-20 所示。

图 10-19　在以太网 2 上设置 ICS

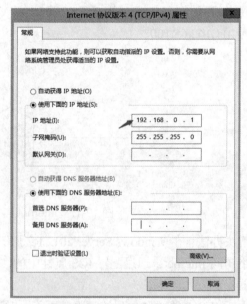

图 10-20　手工修改 IP 地址

（4）在 Win2012-1 Web 服务器上，使用 Ping 命令测试（ping 211.162.65.100）与 Win2012-3 计算机的连通性，测试成功。

ICS 也可实现 Internet 用户对内网服务的访问。具体操作步骤如下。

（1）在"以太网 2 属性"对话框的"共享"选项卡中单击"设置"按钮，弹出"高级设置"对话框，在"服务"列表中勾选"Web 服务器（HTTP）"复选框，单击"编辑"按钮，在弹出的"服务设置"对话框中输入 IP 地址"192.168.0.100"，如图 10-21 所示。

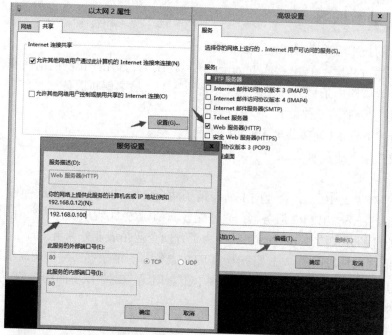

图 10-21 设置 ICS 实现 Internet 用户对内网服务的访问

（2）在 Win2012-3 计算机上打开 IE 浏览器，输入地址 "http://211.162.65.19"，可以打开内网 Web 网站页面，测试成功。

10.5 本章小结

本章主要介绍了 NAT 技术的核心原理、NAT 网关的安装与配置以及 Internet 连接共享。由于企业能获得的公用 IP 地址数量十分有限，因此需要使用 NAT 技术，将多个私有 IP 地址与公用 IP 地址进行映射，从而满足企业内部网络接入 Internet 的需求。由于 NAT 技术能够阻止外部网络直接与内部网络通信，因此在一定程度上保障了内部网络的安全。

NAT 技术有以下几个优点。

➢ 节省合法的公用 IP 地址。

➢ 在地址重叠时提供解决方案。

➢ 提高内部私有网络连接 Internet 的灵活性。

➢ 在网络发生变化时避免重新编址。

NAT 技术也存在以下几个缺点。

➢ 地址转换将增加交换延迟。

➢ 无法进行端到端 IP 跟踪。

➢ 可导致部分应用程序无法正常运行。

Internet 连接共享实际上是路由和远程访问服务的简化版，虽然能够快速实现内网多台计算机同时通过 ICS 计算机访问 Internet，但是其在使用上比较缺乏弹性。ICS 只能支持一个内部私有网络通过它访问 Internet，并且只能支持一个公用 IP，不支持地址映射功能，无法将 DHCP 功能停用，也无法改变默认设置。

10.6　章节练习

1. NAT 的技术应用有哪些？（选 2 项）

A. 内网通过共享一个 IP 接入 Internet

B. 外部用户访问内部网络服务

C. 自动设置路由条目

D. 域名解析服务

2. 请简述 NAT 的三种类型。

3. 请简述 Internet 连接共享（ICS）的特点。

4. 实战：动手配置 NAT。

（1）企业需求

A 公司拥有员工 10 人，企业向 ISP 申请了两个公用 IP 地址，部署企业局域网时决定采用 Windows Server 2012 R2 服务器，通过配置 NAT 服务实现局域网内所有用户以共享两个公用 IP 地址的方式接入 Internet，另外为了方便企业拓展业务和员工日常工作，允许员工在外网访问内部局域网的 Web 服务器和 FTP 服务器。请根据实际应用需求进行 IP 地址规划，部署 IIS 服务、FTP 服务和 NAT 服务，部署时请考虑尝试不同的 NAT 方式（端口重定向、地址映射）。

（2）实验环境

可采用 VMware 或 VirtualBox 虚拟机进行实验环境搭建。

第11章 虚拟专用网

本章要点

- 了解 VPN 的概念。
- 掌握 VPN 的服务类型、配置。

本章首先简要介绍虚拟专用网络（Virtual Private Network，VPN）的概念、功能及采用的协议，然后介绍 VPN 的服务类型，通过两个实例来详细说明 VPN 服务器的系统需求和网络架构。

VPN 能够让移动员工、远程员工、商务合作伙伴和其他用户利用本地可用的高速宽带网（如 DSL、有线电视或者 Wi-Fi 网络）连接到企业网络。VPN 能提供高安全性，使用高级的加密和身份识别协议保护数据免受窥探，阻止数据窃贼和其他非授权用户接触这些数据。VPN 使用户可以利用 ISP 的设施和服务，同时又掌握着对网络的控制权。

11.1 VPN 概述

VPN 是通过一个公用网络（如 Internet）建立一条临时的、安全的连接。它采用"隧道"技术，在不安全的公用网络上建立一条安全的、专用的数据隧道来保证数据的传输安全，如图 11-1 所示。

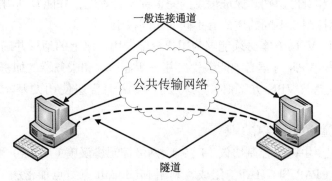

图 11-1　VPN 简化拓扑结构图

VPN 是企业内部网的扩展，可以帮助远程用户、公司分支机构、商业伙伴及供应商等与公司内部建立可信的虚拟专用线路，实现点对点的连接，依靠 Internet 服务提供商（ISP）

和其他的网络服务提供商（NSP）在公用网络中建立自己专用的"隧道"，使 VPN 客户端能够与组织的专用网传输数据。VPN 应用拓扑图如图 11-2 所示。

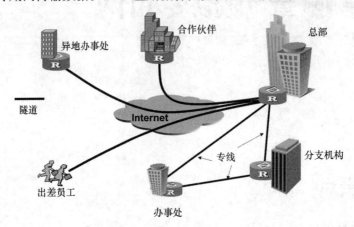

图 11-2　VPN 应用拓扑图

隧道技术是通过一种协议传送另外一种协议的技术，即将一种协议类型的数据包封装在其他协议的数据包内。隧道协议利用附加的报头封装帧，附加的报头提供了路由信息，因此封装后的数据包能够通过中间的公网。封装后的数据包所途经的公网的逻辑路径称为隧道。一旦封装的帧到达公网上的目的地，帧将会被解除封装，继续被送往最终目的地。

（1）VPN 主要采用以下 4 项技术来保证安全。

① 隧道技术。

② 加解密技术。

③ 密钥管理技术。

④ 使用者与设备身份认证技术。

（2）VPN 的基本功能应包括以下 6 点。

① 加密数据。保证通过公网传输的信息即使被他人截获也不会泄漏。

② 信息验证和身份识别。保证信息的完整性、合理性，并能鉴别用户的身份。

③ 提供访问控制。不同的用户有不同的访问权限。

④ 地址管理。VPN 方案必须能够为用户分配专用网络上的地址并确保地址的安全性。

⑤ 密钥管理。VPN 方案必须能够生成并更新客户端和服务器的加密密钥。

⑥ 多协议支持。VPN 方案必须支持公共网络上普遍使用的基本协议，包括 IP、IPX 等。

（3）VPN 隧道协议主要有 3 种。

① PPTP：主要由链路控制协议（LCP）、网络控制协议簇（NCPs）和用于网络安全方面的验证协议簇（PAP 和 CHAP）组成，利用 Microsoft 点对点加密法（MPPE）加密。

② L2TP：允许对 IP、IPX 或 NetBEUI 数据流进行加密，然后通过支持点对点数据报传输的任意网络发送，具有身份认证、加密、数据压缩的功能，L2TP 是 PPTP 和 L2F 的组合。

③ IPsec 隧道模式：允许对 IP 负载数据进行加密，然后封装在 IP 报头中，通过企业 IP 网络或公共 IP 网络向 Internet 发送。

11.2　VPN 的服务类型

VPN 的服务类型按业务需求定义可以分为三种：IntraVPN、AccessVPN 与 ExtranetVPN。

11.2.1　IntraVPN

IntraVPN（内部网 VPN）是企业的总部 LAN（局域网）与分支机构 LAN 间通过公网构筑的虚拟网。这种类型的连接带来的风险最小，因为公司通常认为它们的分支机构是可信的，并将它作为公司网络的扩展。即通过内部网 VPN，可以将分支机构 LAN 连接到公司总部 LAN。IntraVPN 拓扑图如图 11-3 所示。IntraVPN 的安全性取决于两个 VPN 服务器之间的加密方式和验证手段。

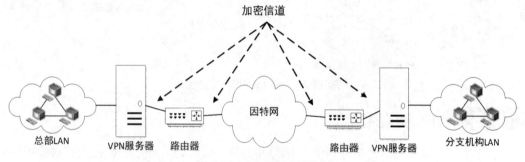

图 11-3　IntraVPN 拓扑图

11.2.2　AccessVPN

AccessVPN（远程访问 VPN）又称拨号 VPN（即 VPDN），是指企业员工或企业的小分支机构通过公网远程拨号的方式构筑的虚拟网。其主要应用于移动用户及没有固定地点的办事处，通过拨号等上网方式来存取公司总部的网络资源，其拓扑如图 11-4 所示。典型的远程访问 VPN 是用户通过本地的 ISP 登录到 Internet 上，并在所处的办公室与公司内部网之间建立一条加密信道。

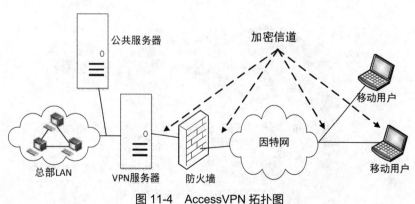

图 11-4　AccessVPN 拓扑图

11.2.3 ExtranetVPN

ExtranetVPN（外联网 VPN）是指企业间发生收购、兼并或企业间建立战略联盟后，不同企业网通过公网构筑的虚拟网。它能保证包括 TCP 和 UDP 服务在内的各种应用服务（如 E-mail、HTTP、FTP、RealAudio、数据库）的安全，以及一些应用程序（如 Java、ActiveX）的安全。ExtranetVPN 通过一个使用专用连接的共享基础设施，将客户、供应商、合作伙伴或兴趣群体连接到公司总部 LAN。企业拥有与专用网络相同的政策，包括安全、服务质量（QoS）、可管理性和可靠性。ExtranetVPN 拓扑图如图 11-5 所示。

图 11-5　ExtranetVPN 拓扑图

11.3　VPN 的应用

应用场景：某公司需为出差员工、移动办公员工或与公司合作的关键人等对象提供公司业务数据共享。传统的数据共享（如 FTP 服务或共享文件夹服务）在网络安全上无法得到有效保障。如何满足公司这些对象的办公需求，使他们无论在何时何地办公都像在公司内部一样方便？VPN 技术正因解决此类问题而生。

11.3.1 远程访问 VPN 搭建

VPN 通过建立起点到点链路，使私有网络可以进一步包含那些跨过共享或公用网络（如 Internet）的链路，从而获取 VPN 服务器上的数据资源，其工作步骤可分为 4 步，如图 11-6 所示。

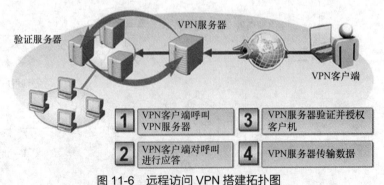

图 11-6　远程访问 VPN 搭建拓扑图

在模拟试验中，Win2012-1、Win2012-2 和 Win2012-3 分别充当 1 号、2 号和 3 号计算机。

Win2012-1 作为 DNS、DHCP、WINS 服务器，IP 地址为 192.168.1.1。

Win2012-2 作为 VPN 服务器，配置内外两块网卡，内网网卡地址为 192.168.1.2，外网网卡地址为 10.100.14.82，DNS 为 192.168.1.1。

Win2012-3 作为 VPN 客户端，IP 地址为 10.100.14.224，连接 VPN 服务器。

实验拓扑图如图 11-7 所示。

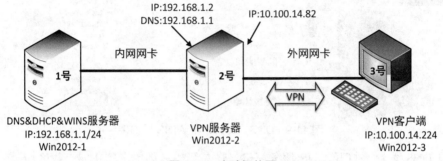

图 11-7 实验拓扑图

第一步：安装 DNS、DHCP 和 WINS 服务。

（1）在 Win2012-1 服务器上配置网卡静态 IP 地址。依次单击"网络"→"本地连接"→"属性"按钮，勾选"Internet 协议版本 4（TCP/IPv4）"复选框，单击"属性"按钮，弹出图 11-8 所示的"Internet 协议版本 4（TCP/IPv4）属性"对话框。

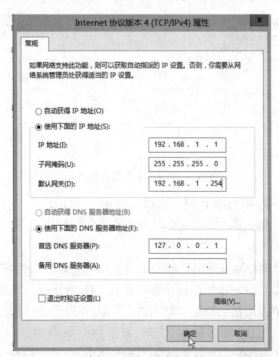

图 11-8 Win2012-1 服务器的 TCP/IPv4 属性

（2）安装 DNS、DHCP 和 WINS 服务。通过"服务器管理器"→"管理"→"添加角色和功能"选项分别添加 DHCP、WINS 和 DNS 服务，详细安装过程请分别参考 2.2 节第一步、3.2 节第一步、4.2.1 节第一步。安装完成之后，可在"服务器管理器"窗口中"工具"菜单的下拉菜单中看到此 3 个服务，如图 11-9 所示。

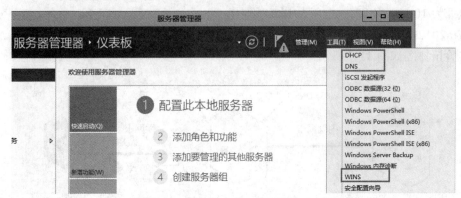

图 11-9　DNS、DHCP 和 WINS 已安装

（3）DNS 配置。打开 DNS 服务窗口，在左侧栏右键单击"正向查找区域"选项，在弹出的快捷菜单中单击"新建区域"命令，设置主区域名称为"xyz.com.cn"，然后持续单击"下一步"按钮直至区域新建完成，在右侧栏里可以看到 3 种名称类型。设置"起始授权机构（SOA）"的主服务器名为本机的 DNS 域名；在"名称服务器（NS）"中通过完全限定的域名，解析出域名所指向的 IP 地址；新建主机，主机名为本机的计算机名，IP 地址是本机的 IP。具体操作步骤可参考 4.2 节，配置结果如图 11-10 所示。

图 11-10　DNS 配置完成窗口

（4）DHCP 配置。打开 DHCP 服务窗口，新建以"DHCP"为名的作用域，操作步骤参考 2.3 节，根据环境需求设定作用域分配的地址范围，如图 11-11 所示，单击"下一步"按扭。

（5）在弹出的"添加排除和延迟"界面中设置或忽略起始与结束 IP 地址，本实例中选择默认设置，持续单击"下一步"按钮；在"配置 DHCP 选项"界面中，单击"是，我想现在配置这些选项"单选按钮，设定"路由器（默认网关）"IP 地址为"192.168.1.254"，单击"下一步"按钮；在"域名称和 DNS 服务器"界面中，指定"父域"的名称为"xyz.com.cn"，添加服务器的"IP 地址"为"192.168.1.1"，如图 11-12 所示，持续单击"下一步"按钮，直到完成新建作用域。

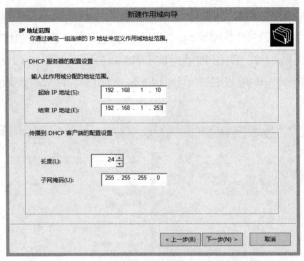

图 11-11　分配 DHCP 作用域地址范围

图 11-12　指定父域名称和 IP 地址

（6）WINS 服务器配置。设置 WINS 服务器的名称和 IP 地址，运行 Windows 的计算机可以使用 WINS 服务器将 NetBIOS 计算机名转换为 IP 地址，要实现此功能需在 DHCP 作用域中添加 WINS 服务。在"服务器管理器"窗口的"工具"菜单中打开"DHCP"窗口，右键单击左侧栏中的"作用域选项"选项，在弹出的快捷菜单中选择"配置选项"命令，在新打开的窗口中依次选择"044 WINS/NBNS 服务器""046 WINS/NBT 节点类型"复选框进行参数配置，其中参数需输入的值如图 11-13 所示。

图 11-13　DHCP 作用域配置完成窗口

第二步：配置 VPN 服务器。

（1）在 Win2012-2 服务器上配置内网网卡和外网网卡。设定"RTL8139"网卡为内网网卡，IP 地址是 192.168.1.2，DNS 地址指向 DNS 服务器（192.168.1.1）；设定"以太网连接 I217-LM"为外网网卡，IP 地址是 10.100.14.82。两块网卡的网络连接详细信息如图 11-14 所示。

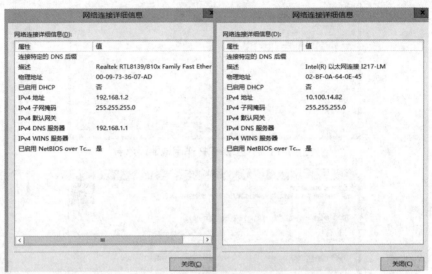

图 11-14　内（外）网网卡网络连接详细信息

（2）安装网络策略和访问服务。在"服务器管理器"窗口中打开"添加角色和功能向导"窗口，在唤出的"服务器角色"窗口中勾选"网络策略和访问服务"复选框后，持续单击"下一步"按钮直至出现"选择角色服务"界面，勾选"网络策略服务器"复选框，再次单击"下一步"按钮，如图 11-15 所示。

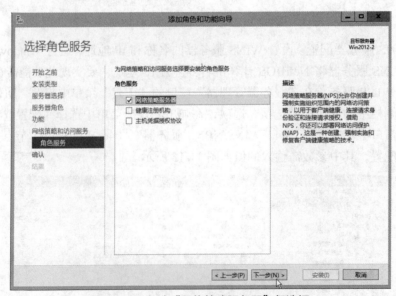

图 11-15　勾选"网络策略服务器"复选框

（3）安装远程访问服务。在"服务器管理器"窗口中打开"添加角色和功能向导"窗口，在唤出的"服务器角色"窗口中勾选"远程访问"复选框后，持续单击"下一步"按钮，直到出现"选择角色服务"界面，勾选"DirectAccess 和 VPN（RAS）""路由"两个复选框，再单击"下一步"按钮，如图 11-16 所示。

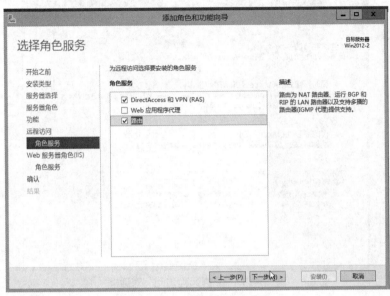

图 11-16　安装远程访问服务

（4）安装完成后，单击"打开'开始向导'"链接（如不小心关闭了该向导，可以单击"服务器管理器"窗口右上方的旗帜按钮 重新打开配置向导），如图 11-17 所示。

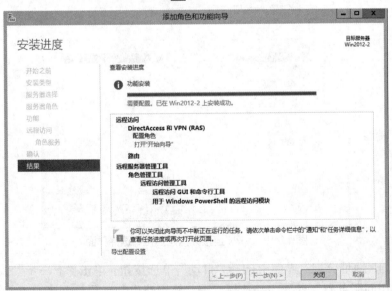

图 11-17　打开"开始 向导"

（5）配置远程访问。在打开的"配置远程访问"对话框中单击"仅部署 VPN"选项，在新打开的对话框中单击"虚拟专用网络（VPN）访问和 NAT"链接，再单击"下一步"

按钮，在"VPN 连接"界面中，选择外网网卡网络接口，然后单击"下一步"按钮，如图 11-18 和图 11-19 所示。

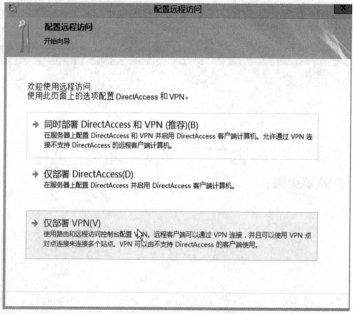

图 11-18 "配置远程访问"对话框

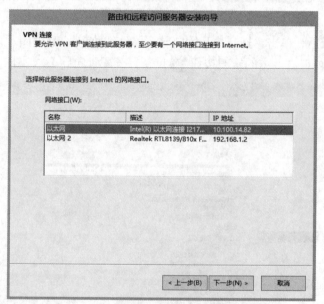

图 11-19 VPN 连接外网网络接口选择界面

（6）在"IP 地址分配"界面中选择"自动"单选按钮，单击"下一步"按钮，在"管理多个远程访问服务器"界面中，选择"否，使用路由和远程访问来对连接请求进行身份验证"单选按钮，单击"下一步"按钮，在下一界面中，单击"完成"按钮，结束路由和远程访问服务器的安装工作，如图 11-20 所示。弹出的窗口直接单击"确定"按钮即可。

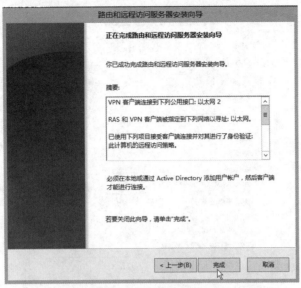

图 11-20　路由和远程访问服务器安装完成界面

（7）添加 VPN 访问用户。打开 Win2012-2 服务器的服务器管理器，选择"工具"→"计算机管理"选项，在左侧栏中，依次选择"计算机管理"→"系统工具"→"本地用户和组"→"用户"选项，右键单击"用户"选项，在弹出的快捷菜单中选择"新用户"命令，添加新用户"user1"，密码设置为"User1234"后，打开新用户的属性窗口，注意勾选"用户不能更改密码""密码永不过期"两个复选框，单击"确定"按钮，如图 11-21 所示。

图 11-21　添加 VPN 访问用户

（8）在"拨入"选项卡的"网络访问权限"选项组中，选择"允许访问"单选按钮，最后单击"确定"按钮完成 VPN 用户的设置，如图 11-22 所示。

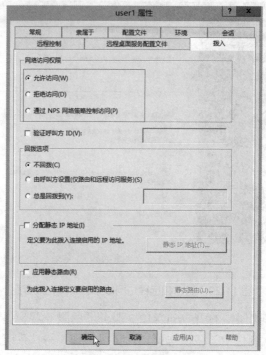

图 11-22　完成 VPN 用户设置

第三步：配置 VPN 客户端。

（1）在 Win2012-3 上建立 VPN 客户端的连接。打开"网络和共享中心"窗口，单击"设置新的连接或网络"链接，如图 11-23 所示。

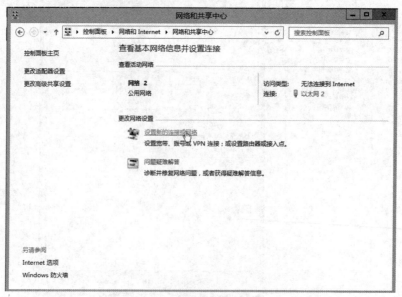

图 11-23　设置新的连接或网络

（2）在弹出的对话框中选择"连接到工作区"选项，单击"下一步"按钮，单击"使用我的 Internet 连接（VPN）"选项，如图 11-24 所示。

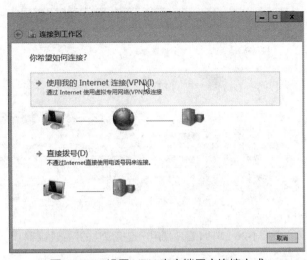

图 11-24 设置 VPN 客户端用户连接方式

（3）选择"我将稍后设置 Internet 连接"链接，在"键入要连接的 Internet 地址"界面中，输入"Internet 地址"为"10.100.14.82"，此地址是 VPN 服务器的外网地址，单击"下一步"按钮，如图 11-25 所示。

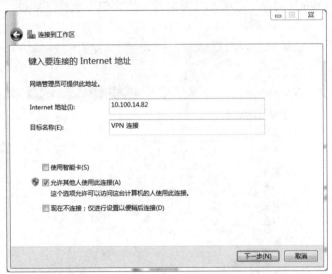

图 11-25 设置要连接 VPN 服务器的外网地址

（4）输入正确的 VPN 用户名（user1）和密码（User1234），测试连接成功，如图 11-26 所示。

（5）至此，VPN 客户端实现远程访问，可以获取 Win2012-1 服务器提供的网络数据资源。

11.3.2 配置 L2TP 使用预共享密码

从图 11-26 中可以看出，VPN 客户端连接采用的隧道协议是 PPTP。PPTP 支持隧道验证，而 L2TP 自身不提供隧道验证，当 L2TP 或 PPTP 与 IPsec 共同使用时，可以由 IPsec 提供隧道验证，不需要在第 2 层协议上验证隧道。如何将隧道协议 PPTP 变成 L2TP 呢？下面以实例操作来说明。

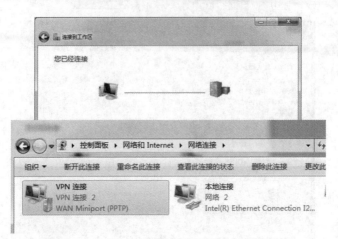

图 11-26　VPN 客户端用户连接成功的网络状态

本实例的网络拓扑结构与上一实例相同，请查看图 11-7。

第一步：VPN 服务器的配置。

（1）在 11.3.1 节的实例中，Win2012-2 服务器中已安装好路由和远程访问服务，通过"服务器管理器"窗口中的"工具"菜单栏，打开"路由和远程访问"窗口，在窗口的左侧栏中，右键单击"Win2012-2"选项，在弹出的快捷菜单中选择"属性"命令，如图 11-27 所示。

图 11-27　选择"属性"命令

（2）在"Win2012-2（本地）属性"对话框中单击"安全"选项卡，勾选"允许 L2TP/IKEv2 连接使用自定义 IPsec 策略"复选框，设定"预共享的密钥"为"123456"，如图 11-28 所示，单击"确定"按钮后，需重新启动服务器的路由服务。

第二步：VPN 客户端的配置。

（1）在 Win2012-3 上已经创建了 VPN 客户端的连接，在"网络和共享中心"窗口中打开"VPN 连接 属性"对话框，选择"安全"选项卡。

（2）在"VPN 类型"下拉列表中选择"使用 IPsec 的第 2 层隧道协议（L2TP/IPsec）"选项，然后单击"高级设置"按钮。

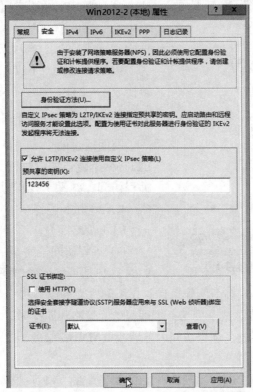

图 11-28　设置 L2TP/IKEv2 连接的共享密钥

（3）在"高级属性"对话框中选择"使用预共享的密钥作身份验证"单选按钮，此密钥须与 VPN 服务器设定的密钥相同，即 123456，单击"确定"按钮，如图 11-29 所示。

图 11-29　使用 L2TP/IPsec 协议的 VPN 客户端配置

215

图 11-30　查看 VPN 连接类型

（4）使 VPN 客户端重新登录，在"网络和共享中心"窗口中，查看"VPN 连接 状态"对话框中"详细信息"选项卡中的"设备名"，其值为"WAN Miniport（L2TP）"，即 VPN 类型从 PPTP 转换成了 L2TP，如图 11-30 所示。

11.3.3　远程访问策略

前面通过两个实例，分别实现了用 PPTP 和 L2TP 两个隧道协议进行 VPN 客户端到服务端的远程访问，熟悉了操作过程。下面对远程访问策略（RAP）进行总结。

（1）策略简介。

① 远程访问策略是一组规则的集合，它授权 VPN 客户是否可远程访问服务端。

② 每个规则有一个或多个匹配条件、一组配置文件设置和一个远程访问权限设置。

③ VPN 客户端连接尝试至少与一个远程访问策略相匹配时，才会授权连接。

④ 远程访问策略存放在远程访问服务器或 RADIUS 服务器上。

（2）策略的元素。

① 条件：与连接请求进行比较的一个或多个属性。VPN 服务器按照优先级顺序（顺序值越低的 RAP 具有越高的优先级）对 RAP 进行评估。

② 远程访问权限：如果远程访问策略的所有条件都满足，那么远程访问权限可以允许或拒绝。

③ 配置文件：当远程访问连接被验证后（通过用户账户或策略的权限设置）应用于连接的一组属性，如图 11-31 所示。

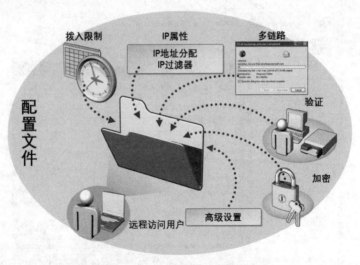

图 11-31　远程访问策略元素的配置文件

（3）远程访问策略的验证过程如图 11-32 所示。

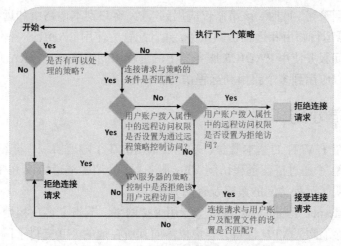

图 11-32　远程访问策略的验证过程

（4）远程访问策略的查阅。

　　查阅远程访问策略需要在 VPN 服务器上启动网络策略服务（NPS），打开步骤依次是："服务器管理器"→"工具"→"路由和远程访问"，右键单击"远程访问日志记录和策略"选项，在弹出的快捷菜单中选择"启动 NPS"命令。然后再依次单击"服务器管理器"→"工具"→"网络策略服务器"选项进行查阅，如图 11-33 和图 11-34 所示。

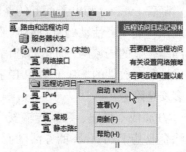

图 11-33　启动网络策略服务（NPS）

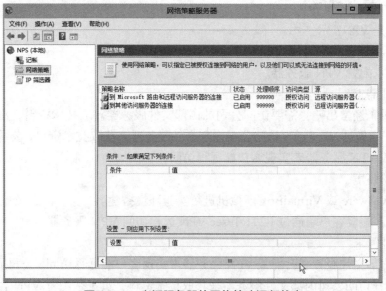

图 11-34　查阅服务器的网络策略运行状态

　　远程访问策略对于本地计算机是唯一的，可以通过本地的路由和远程访问管理控制台或 Internet 验证服务管理控制台来管理本地计算机上的远程访问策略。如果服务器运行路由和远程访问服务，并且配置为使用 Windows 身份验证提供程序，则路由和远程访问服务使用本地的远程访问策略，此时，该策略仅应用到 VPN 客户到本地路由和远程访问服务器的连接；如果服务器运行路由和远程访问服务，并且配置为使用 RADIUS 身份验证提供程序，则路由和远程访问服务使用 RADIUS 服务器上的远程访问策略，一个 RADIUS 服务器上的远程访问策略可以应用到多个路由和远程访问服务器。

11.4 本章小结

本章简要介绍了 VPN 的基本概念、功能及采用的 3 个隧道协议；介绍了 VPN 的 3 个业务需求服务类型；通过搭建远程访问 VPN 服务器，介绍了隧道协议 PPTP 和 L2TP 的使用规则；详细说明了远程访问的策略及查阅方法。

VPN 是在 Internet 上临时建立的安全专用虚拟网络，节省了客户租用专线的费用，在运维的支出上，除了购买 VPN 设备，客户仅需向其所在地的 ISP 支付上网费用，节省了长途电话费。

随着 Internet 和电子商务的蓬勃发展，经济全球化的最佳途径是发展基于 Internet 的商务应用。而商务活动的日益频繁使各企业开始允许其生意伙伴、供应商和外出人员也能够访问本企业的局域网，简化动态信息交流的途径和加快信息交换速度。但是 Internet 是一个全球性和开放性的、基于 TCP/IP 技术的、不可管理的国际互连网络，在使用的过程中存在很多安全隐患。

VPN 成本低廉、数据传输安全可靠、连接方式方便灵活、管理手段可控，可以轻松地排除企业基于 Internet 商务活动而面临的信息威胁和安全隐患。

11.5 章节练习

1. 什么是 VPN？
2. VPN 的服务类型有哪些？
3. 实战：配置 VPN 服务器。

（1）企业需求

某公司员工经常出差，需要访问公司的内部文件服务器获取技术资料，出于安全方面的考虑，员工须通过 VPN 远程访问公司内部文件服务器来获取技术资料，公司内部文件服务器须配置成 VPN 服务器来实现客户端远程访问。

（2）实验环境

可采用 VMware 或 VirtualBox 虚拟机进行实验环境搭建。

4. 实战：配置客户端通过 L2TP/IPsec VPN 远程访问 VPN 服务器。

（1）企业需求

某公司内部文件服务器已配置 VPN 服务器来实现客户端远程访问。公司员工出差，须通过 VPN 远程访问公司内部文件服务器来获取技术资料，员工须配置 VPN 客户端，选择 VPN 连接类型 L2TP/IPsec VPN 来进行远程访问。

（2）实验环境

可采用 VMware 或 VirtualBox 虚拟机进行实验环境搭建。

第 12 章 活动目录

本章要点

- 了解域与活动目录的概念，活动目录与 DNS 的关系。
- 理解和掌握活动目录中包含的各种对象和作用。
- 掌握域服务器的配置与应用。

活动目录（Active Directory，AD）是面向 Windows Standard Server、Windows Enterprise Server 及 Windows Datacenter Server 的目录服务。活动目录存储了关于网络对象的信息，并且使管理员和用户能够轻松地查找和使用这些信息。活动目录使用了一种结构化的数据存储方式，并以此作为基础对目录信息进行合乎逻辑的分层组织。

本章简要介绍了域与活动目录的概念，活动目录与 DNS 的关系，用实例对活动目录的工作原理进行了概述，并详细介绍了域的安装和配置方法。

12.1　什么是域与活动目录

12.1.1　什么是域

域（Domain）是 Windows 网络中独立运行的单位，域之间相互访问需要建立信任关系（Trust Relation）。信任关系是连接域与域的桥梁。当一个域与其他域建立了信任关系后，两个域之间不但可以按需要相互进行管理，还可以跨网分配文件和打印机等设备资源，使不同的域之间实现网络资源的共享与管理。

如果资源分布在 N 台服务器上，那么用户需要资源时就要分别登录这 N 台服务器，也就需要 N 个账号。一个用户如此，对于 M 个用户，管理员则需要为他们创建 $N \times M$ 个账户，如图 12-1 所示，这样不仅复杂，而且难以管理，这也就是要使用域来管理的原因。

有了域，管理员只需要为每个用户创建一个域用户，用户只需在域中登录一次就可以访问域中所有服务器提供的资源，从而实现单一登录，域与多用户之间的关系如图 12-2 所示。

用户信息存放在域中的域控制器（Domain Controller，DC）上，在图 12-2 中，可以在服务器中选定一台或几台服务器作为域控制器。存在多个域控制器时，各个域控制器是平等的，每个域控制器上都有所在域的全部用户信息，域控制器之间需要同步这些信息。其他不是域控制器的服务器仅仅提供资源。

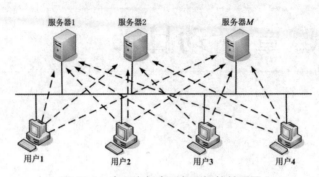

图 12-1　多用户与多服务器间的关系图

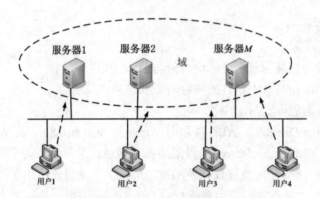

图 12-2　域与多用户之间的关系图

12.1.2　什么是活动目录

　　活动目录是 Windows Server 平台提供的目录服务，管理员或用户在中央数据库中存放信息，使用户在网络上只拥有一个用户账号。目录是存储各种对象的一个物理上的容器，目录服务是使目录中所有信息和资源发挥作用的服务。

　　活动目录使信息的安全性大大增强，引入基于策略的管理，使系统的管理更加明朗。活动目录具有很强的可扩展性、可伸缩性、智能的信息复制能力，与 DNS 集成紧密，与其他目录服务之间具有互操作性，可进行灵活的查询。

　　活动目录逻辑结构：域、组织单位、树、林。

　　域控制器（Domain Controller）上存放着域中所有用户、组、计算机等信息（实际上域控制器存放的信息多于这些），域控制器将这些信息存放在活动目录中。

　　活动目录和 DNS 的关系如下。

　　活动目录和 DNS 存储了同一物理对象的不同信息，从而代表了两个不同的域名空间。在 TCP/IP 网络中，DNS 存放资源记录（如域名和 IP 地址的映射），用来处理计算机名字和 IP 地址的映射关系，活动目录存放资源对象（如计算机、用户、组及其相应的属性等）。

　　活动目录和 DNS 是密不可分的，活动目录使用 DNS 服务器来登记域控制器的 IP、各种资源的定位等，一个域林中至少存在一个 DNS 服务器，所以安装活动目录时需要同时安装 DNS。DNS 可以不依靠活动目录，它只是活动目录中一个必需的工具。此外，域的命名也采用 DNS 的格式。

12.2　活动目录的组织单位

组织单位是域包含的一种目录对象，如用户、计算机和组、文件与打印机等资源。每个对象都有自己的属性以及属性值。

组织单位（Organization Unit，OU）是可以将用户、组、计算机和其他组织单位放入其中的 AD 容器，可以指派组策略设置或委派管理权限的最小作用域或单位，如图 12-3 所示。

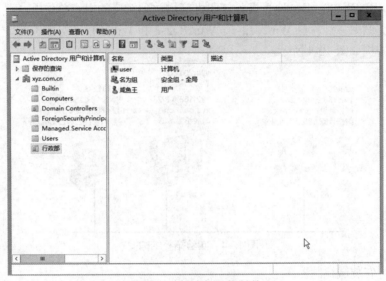

图 12-3　域中的组织单位

在一个组织单位中，可以更改特定容器的属性，建立或删除特定类型的对象，更新特定类型的对象的属性。

组织单位可将对象按逻辑进行分组，便于管理、查找、授权和访问。组织单位只表示单个域中的对象集合（可包括组对象），组织单位具有继承性，子单位能够继承父单位的 ACL。同时，域管理员可授予用户对域中所有组织单位或单个组织单位的管理权限。

12.3　域服务器的配置管理

12.3.1　安装域服务

一个域要发挥作用，最基本的需求是一台域服务器和一台加入此域的计算机。如果是域林，还需要一台子域服务器，并将父域服务器升级为域控制器，在域树复杂的情况下，还可以将子域升级为域控制器。一个域内可以有多台域控制器，每台域控制器的地位几乎是平等的，它们各自存储着一份几乎完全相同的活动目录。

当在任何一台域控制器内添加了一个用户账户后，此账户默认被创建在此域控制器的活动目录中，之后会被自动复制到其他域控制器的活动目录中，以便使所有域控制器内的活动目录数据能够同步。计算机通过域控制器提供的用户账户加入到该域，同时获得该账户在域中对应的访问权限。

221

12.3.2 活动目录设计

（1）域名与控制器的安装位置。

① 中小企业在网络中安装域控制器。

② 域名和 DNS 域名相同，为 xyz.com.cn。

③ 其他所有计算机加入到域中。

（2）组织单位设计。

① 在这里根据公司的行政架构来设计 OU。

② 各部门的用户、组、计算机、打印机等均放到对应的组织单位上。

在下面实例中，计算机 Win2012-1、Win2012-2 和 Win2012-3 分别充当 1 号、2 号和 3 号机，拓扑结构如图 12-4 所示。

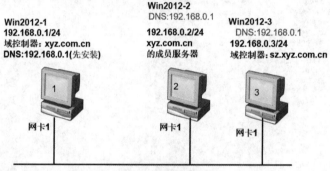

图 12-4 实验拓扑结构图

第一步：安装域控制器。

（1）在 Win2012-1 服务器上配置网卡静态 IP 地址，如图 12-5 所示。

（2）安装 DNS 服务，具体步骤参考 4.2.1 节，在此不再赘述，安装完成之后可在"服务器管理器"窗口的"工具"下拉菜单中查看，如图 12-6 所示。

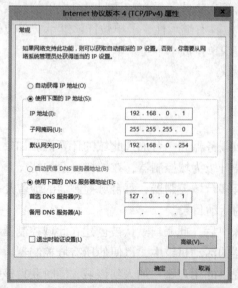

图 12-5 在 Win2012-1 服务器上配置网卡静态 IP 地址　　图 12-6 查看 DNS 服务已安装完成

（3）安装域服务，单击"服务器管理器"→"添加角色和功能"选项，打开"添加角色和功能向导"窗口，持续单击"下一步"按钮，直至出现"选择服务器角色"界面，在"角色"栏中勾选"Active Directory 域服务"复选框，如图 12-7 所示。单击"下一步"按钮，在弹出的对话框中单击"添加功能"按钮。

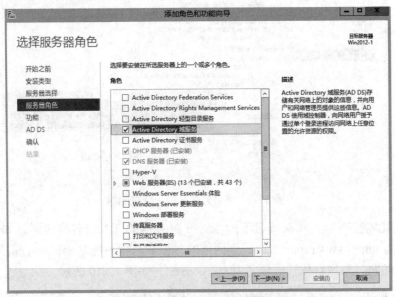

图 12-7　添加服务器 AD 域服务角色

（4）持续单击"下一步"按钮，然后单击"安装"按钮，开始安装，如图 12-8 所示。

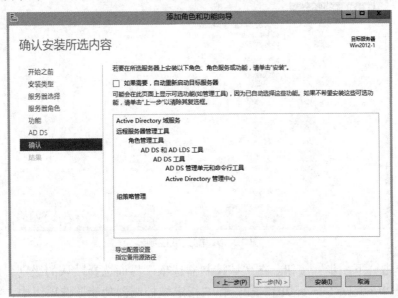

图 12-8　确认安装 AD 域服务

（5）升级为域控制器。域服务安装完毕后，单击"将此服务器提升为域控制器"链接，如图 12-9 所示，将域服务器升级为域控制器。若配置向导不小心关掉，可单击"服务器管理器"窗口中的旗帜图标 。

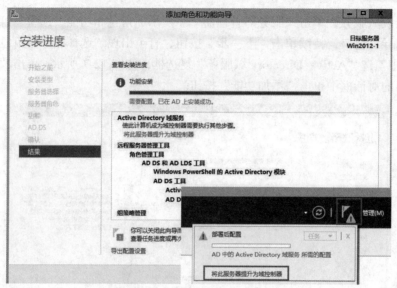

图 12-9　将服务器升级为域控制器

（6）配置域控制器。林根域名不能与对外服务器的 DNS 名称相同，如对外服务的 DNS URL 为 http://www.szpt.edu.cn，则内部的林根域名就不能是 szpt.edu.cn，否则未来可能存在兼容问题。添加新林，根域名为 xyz.com.cn，如图 12-10 所示。

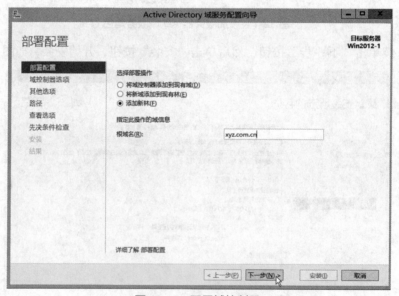

图 12-10　配置域控制器

（7）单击"下一步"按钮。在"域控制器选项"界面选择默认的级别，此处域功能级别只能是 Windows Server 2012 R2；在"指定域控制器功能"选项组中，第一台域控制器必须是全局编录服务器的角色，不可以选择"只读域控制器（RODC）"；目录服务还原模式（DSRM）密码按密码规则自行设定。目录还原模式是一个安全模式，开机进入安全模式修复 AD 数据库时必须使用设定的密码。然后单击"下一步"按钮，如图 12-11所示。

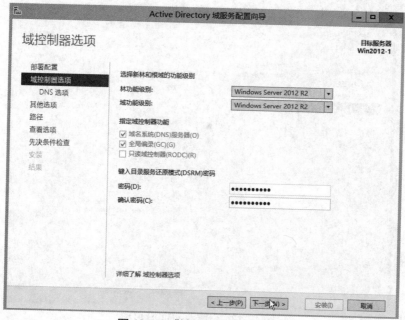

图 12-11 "域控制器选项"界面

（8）忽略警告，单击"下一步"按钮，如图 12-12 所示。

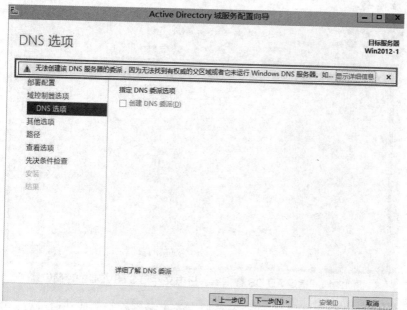

图 12-12 "DNS 选项"界面

（9）系统会自动创建一个 NetBIOS 名称，此名称可以更改，如图 12-13 所示。

（10）单击"下一步"按钮后进入"路径"界面，如图 12-14 所示。数据库文件夹用于存储 AD 数据库；日志文件文件夹用于存储 AD 的更改记录，此记录可以用来修复 AD 数据库；SYSVOL 文件夹用于存储域共享文件（如组策略）。

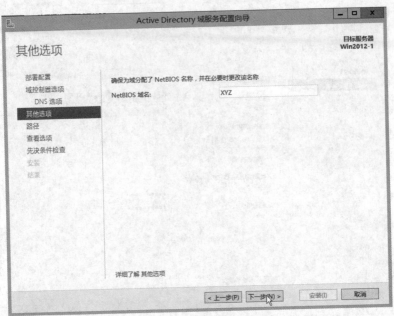

图 12-13　分配 NetBIOS 名称

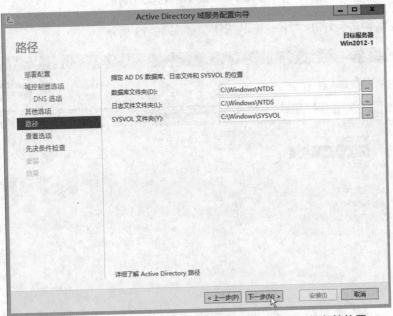

图 12-14　指定 AD DS 数据库、日志文件和 SYSVOL 的存储位置

（11）单击两次"下一步"按钮，等待所有先决条件检查，成功通过后，单击"安装"按钮，如图 12-15 所示。

注意：如果服务器内有多个硬盘，建议将数据库与日志文件分别设置到不同的硬盘内，分两个硬盘可以提高运行效率，且分开存储可以避免两份数据同时出现问题，以提高修复 AD 的能力（如果是 RAID 模式就没必要分开，仅与操作系统分区分开即可）。

（12）完成安装，重新启动计算机，因活动目录的存在，启动时间会变长，登录界面出现时可以发现已经建立域 XYZ，如图 12-16 所示。

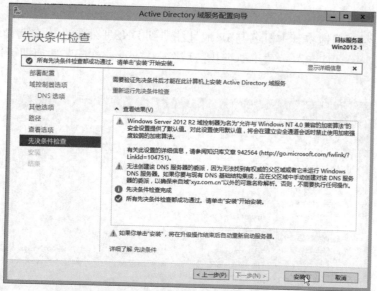

图 12-15　域服务配置先决条件检查

图 12-16　已建立域 XYZ

（13）在域控制器上登录时，只能以域用户的身份登录。虽然用户名仍为 Administrator，但该 Administrator 已是域用户。依次选择"服务器管理器"→"工具"→"Active Directory 用户和计算机"→"Users"选项，可查看该域用户组下所有的用户，如图 12-17 所示。

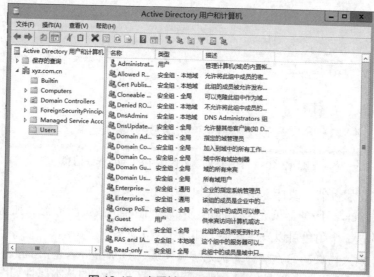

图 12-17　查看域用户组下所有的用户

（14）此时域控制器的 DNS 管理器中默认存在一个 xyz.com.cn 的区域，主机记录表示域控制器已经正确地将其主机名与 IP 地址注册到 DNS 服务器。依次选择"服务器管理器"→"工具"→"DNS"→"正向查找区域"→"xyz.com.cn"选项即可进行查看，如图 12-18 所示。

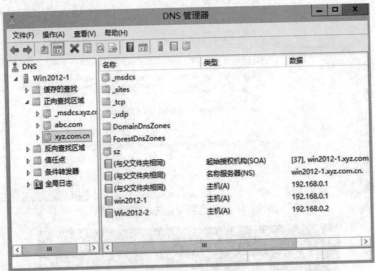

图 12-18　DNS 正向查找区域

（15）域控制器正确注册到 DNS 服务器后，会出现"_tcp""_udp"等文件夹列表。单击"_tcp"文件夹后可看到数据类型为"服务位置（SRV）"的"_ldap"记录，表示 win2012-1.xyz.com.cn 已正确注册为域控制器。"_gc"记录全局编录也被包含在 win2012-1.xyz.com.cn 中，如图 12-19 所示。

图 12-19　DNS 正向查找区域中的_tcp 详细信息

第二步：把服务器（或计算机）加入到域中。

Windows Server 服务器可充当 3 种角色：域控制器、成员服务器和独立服务器。

服务器的这 3 个角色可以发生转换，如图 12-20 所示。

注意：个别入门级的客户端计算机无法加入域，如 Windows 8.1 Standard 等。

（1）Win2012-2 以服务器身份加入域，其网络 TCP/IPv4 的基本属性如图 12-21 所示。

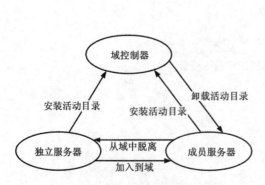

图 12-20　域控制器、成员服务器和独立
服务器 3 种角色转换示意图

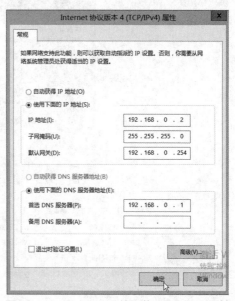

图 12-21　Win2012-2 的网络 TCP/IPv4 属性

（2）更改计算机系统属性，将它由工作组改为加入到域 xyz.com.cn 中。右键单击"这台电脑"图标，在弹出的快捷菜单中选择"属性"命令，依次单击"更改设置"→"更改"按钮，输入"域"为"xyz.com.cn"，单击"确定"按钮，如图 12-22 所示。

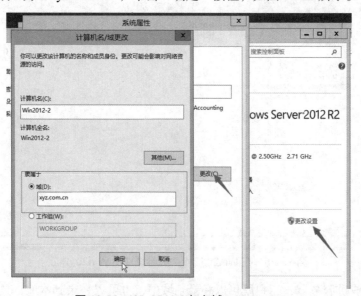

图 12-22　Win2012-2 加入域 xyz.com.cn

（3）输入有权限加入该域的账户名称和密码后，再次单击"确定"按钮，如图 12-23 所示。

（4）重启后打开系统属性窗口，可发现服务器 Win2012-2 成功加入域 xyz.com.cn，如图 12-24 所示。

图 12-23　输入加入域的账户名称和密码

图 12-24　Win2012-2 的系统属性

（5）在 Win2012-1 域服务器的"Active Directory 用户和计算机"窗口下，打开 Computers 容器，能查看到域成员 Win2012-2 计算机，如图 12-25 所示。

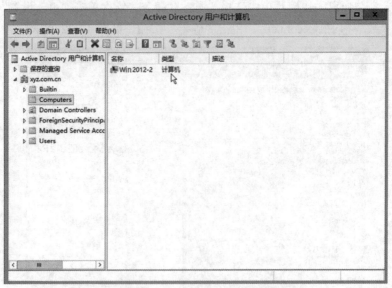

图 12-25　在 Win2012-1 中查看域成员 Win2012-2

（6）作为成员服务器，用户既可以登录到域中，也可以登录到本地，只需要在用户名前添加不同的名称，如图 12-26 所示。如果输入的用户名"XYZ\Administrator"，说明以域用户（XYZ 是 xyz.com.cn 域的 NetBIOS 名）的身份进行登录；如果输入用户名"WIN2012-2\Administrator"，说明以本地用户的身份进行登录。

（7）如需服务器（或计算机）从域中脱离，只需在计算机系统属性中进行设置更改，将计算机由域改到工作组中，如图 12-27 所示。

图 12-26　Win2012-2 本地登录窗口

图 12-27　成员从域中脱离

12.3.3　安装活动目录后的变化

服务器没有升级成为域控制器之前，位于其本地安全数据库内的本地用户和组，在服务器升级为域控制器后被转移到 AD DS 数据库内，并存储于各自的容器中，应该使用"Active Directory 用户和计算机"工具来管理用户和组等，如图 12-28 所示。

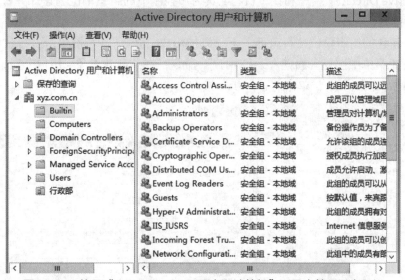

图 12-28　使用"Active Directory 用户和计算机"工具来管理用户和组

12.3.4　创建组织单位

在"Active Directory 用户和计算机"窗口中，为域控制器创建组织单位。

（1）在窗口的左侧栏右键单击"xyz.com.cn"选项，在弹出的快捷菜单中选择"新建"→"组织单位"命令，如图 12-29 所示。

（2）在"新建对象 - 组织单位"对话框中，创建以行政部为对象的组织单位，单击"确定"按扭，如图 12-30 所示。

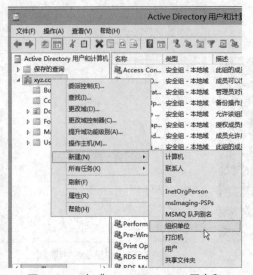

图 12-29　在"Active Directory 用户和　　　　　图 12-30　在组织单位中新建组织单位
　　　　计算机"中新建组织单位

12.3.5　在组织单位下添加计算机、用户、组

用"Active Directory 用户和计算机"工具为域控制下的组织单位创建计算机用户和组，可不分先后顺序。

（1）在新建的组织单位"行政部"下，添加用户"张三"。右键单击"行政部"选项，在弹出的快捷菜单中选择"新建"→"用户"命令，在"新建对象 - 用户"对话框中填入的参数值如图 12-31 所示，单击"下一步"按钮。

图 12-31　在组织单位下新建用户

（2）为用户设置密码后，勾选"用户不能更改密码""密码永不过期"两个复选框，单击"下一步"按钮，创建后的"张三"用户信息如图 12-32 所示，单击"完成"按钮结束用户创建。

（3）在组织单位中创建组，右键单击"行政部"选项，在弹出的快捷菜单中选择"新建"→"组"命令，弹出"新建对象 - 组"对话框，如图 12-33 所示。

图 12-32　新建用户信息确认窗口

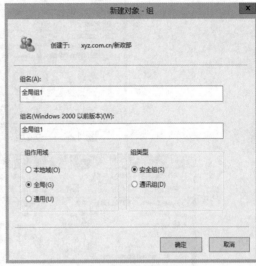

图 12-33　在组织单位中创建组

（4）从图 12-33 中可以发现，组作用域包括本地域、全局组、通用组。它们的区别如表 12-1 所示。

表 12-1　本地域、全局组与通用组之间的区别

本地域	成员可来自同一域林中的任何域的用户、组； 成员只能访问本地域的资源
全局组	成员只来自本地域的用户； 成员可以访问同一域林中的任何域的资源
通用组	成员可来自同一域林中的任何域； 成员可以访问同一域林中的任何域的资源

组类型包括安全组和通讯组，安全组用来分配共享资源的权限，通讯组用来创建电子邮件分发列表。

（5）为组织单位创建计算机对象，右键单击"行政部"选项，在弹出的快捷菜单中选择"新建"→"计算机"命令，弹出"新建对象 - 计算机"对话框，如图 12-34 所示。

（6）在组织单位"行政部"中，计算机、用户和组创建完成后的结果如图 12-35 所示。

图 12-34　为组织单位创建计算机对象

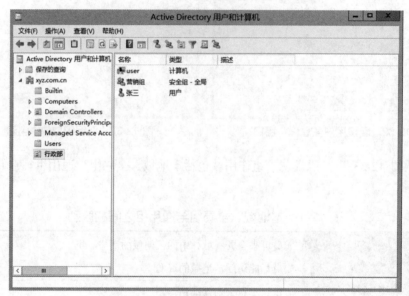

图 12-35　组织单位中创建的 3 种对象

12.3.6　文件和文件夹安全及共享权限的变化

1. 域控制器上的文件和文件夹安全及共享权限

域控制器上只有域用户或者组，因此域控制器上的文件和文件夹安全权限、共享权限必须分配给域用户或者组。

（1）在域控制器的 C 盘根目录下建立名为 "Win2012-1" 的文件夹，右键单击该文件夹，在弹出的快捷菜单中选择 "属性" 命令，打开 "Win2012-1 属性" 对话框，如图 12-36 所示。

（2）选择 "安全" 选项卡，单击 "编辑" 按扭，打开目录权限，单击 "添加" 按钮，在弹出的对话框中，依次单击 "高级" → "立即查找" 按钮，选择要编辑的域用户（张三），如图 12-37 所示。

图 12-36　域控制器中 Win2012-1 目录的安全属性

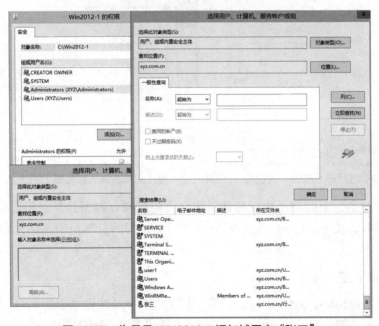

图 12-37　为目录 Win2012-1 添加域用户"张三"

（3）单击"确定"按钮后回到"Win2012-1 的权限"对话框，如图 12-38 所示，域用户"张三"已被添加至目录权限的"组或用户名"中，从而可为该用户编辑所需的权限。

2. 成员服务器上的文件和文件夹安全及共享权限

成员服务器上还存在本地用户和组，因此成员服务器上的文件和文件夹安全权限、共享权限可以分配给域用户或者组，也可以分配给本地计算机上的用户和组。

在成员服务器的 C 盘根目录下建立名为"Win2012-2"的文件夹，打开文件夹的属性窗口，按 12.3.6 节中对"Win2012-1"文件夹的操作顺序，单击"高级"按钮之后，在弹出的对话框中单击"位置"按钮，为文件夹选择查找位置，根据需要选择域控制器下的容器，如计算机、用户、用户组和组织单位等，容器对象确定之后，单击"立即查找"按钮，在标签页"搜索结果"中查找相应容器下的对象，选定需要的对象，单击"确定"按钮后编辑其所需的权限，如图 12-39 所示。

图 12-38　编辑域用户"张三"的权限

图 12-39　成员服务器上的目录共享编辑

需要注意的是，上面例子中只是针对用户设定权限，如果是针对组设定权限，则需要明确组作用域的类型，因为它们在不同域中所能访问的资源范围不同，对此在表 12-1 中已有阐述。

12.3.7　创建子域

在服务器 Win2012-3 上创建子域，其网络 TCP/IPv4 属性设置如图 12-40 所示。

第一步：将其加入域 xyz.com.cn 中，具体方法可参考 12.3.2 节的第二步。

第二步：为其安装域服务和 DNS。

（1）在安装域服务之前，一般先添加 DNS，操作步骤请参考 4.2.1 节。

（2）安装域服务，添加活动目录，操作步骤请参考 12.3.2 节，安装完成之后，升级其为域控制器，直接进行域部署。选择"将新域添加到现有林"单选按钮，"选择域类型"为"子域"，"父域名"默认为"xyz.com.cn"，"新域名"设置为"SZ"（此域名不能与父域名同名，否则在使用中会出现不可预知的错误），单击"下一步"按钮，如图 12-41 所示。

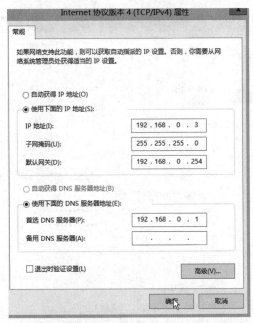

图 12-40 Win2012-3 网卡的 TCP/IPv4 属性

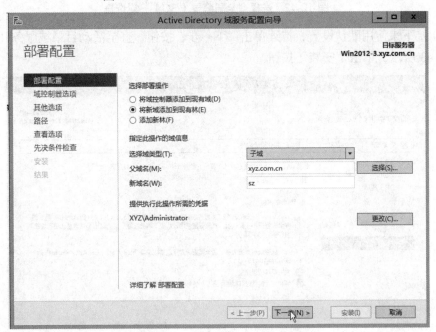

图 12-41 在 Win2012-3 上创建子域

（3）在"域控制器选项"界面中，默认勾选"全局编录（GC）"复选框，单击"下一步"按钮，如图 12-42 所示。

全局编录包含了各个活动目录中每一个对象最重要的属性，是域林中所有对象的集合。同一域林中的域控制器共享同一个活动目录，这个活动目录分散存放于各个域的域控制器中，每个域中的域控制器保存着该域的对象的信息（用户账号及目录数据库等），使用户或应用程序在不知道对象位于哪个域的情况下，也可以迅速找到被访问的对象。

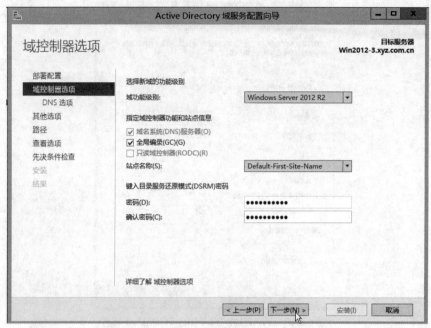

图 12-42　选择"全局编录（GC）"复选框

（4）接下来使用默认设置，持续单击"下一步"按钮，直至活动目录域服务开始安装，如图 12-43 所示，单击"安装"按钮。

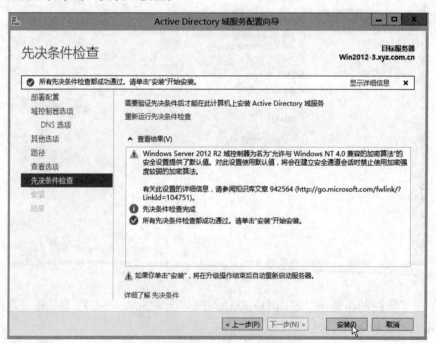

图 12-43　确认子域安装的先决条件

（5）重启计算机，选择"服务器管理器"→"工具"→"Active Directory 用户和计算机"选项，发现子域 sz.xyz.com.cn 已安装成功，如图 12-44 所示。

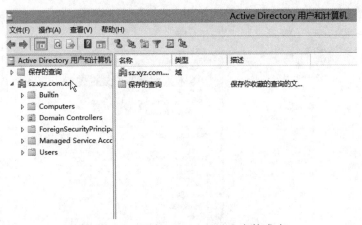

图 12-44 子域 sz.xyz.com.cn 安装成功

第三步：创建活动目录域的信任关系。

活动目录域的信任关系就是使一个域中的用户由其他域中的域控制器进行身份验证。在一个林中，域之间的所有活动目录信任都是双向的、可传递的。创建新的子域时，系统将在新的子域和父域之间自动创建双向可传递信任。双向关系可以是不传递的，也可以是可传递的，这取决于所创建的信任关系类型。

选择"服务器管理器"→"工具"→"Active Directory 域和信任关系"选项，展开"xyz.com.cn"选项，右键单击"sz.xyz.com.cn"选项，在弹出的快捷菜单中单击"属性"命令，在"xyz.com.cn 属性"对话框中打开"信任"选项卡，可查看活动目录域现有的信任关系，如图 12-45 所示。

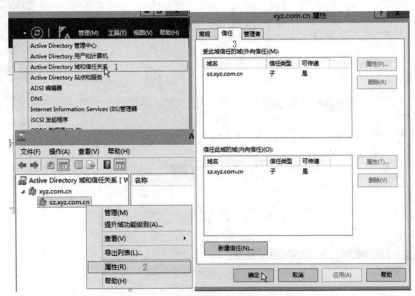

图 12-45 查看活动目录域的信任关系

第四步：编辑子域目录权限。

（1）在子域 Win2012-3 的 C 盘根目录下创建名为"win2012-3"的文件夹，打开其属性对话框中的"安全"选项卡，如图 12-46 所示。

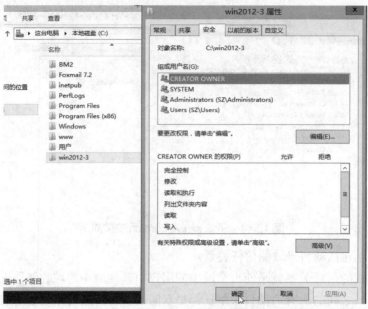

图 12-46 子域 Win2012-3 目录安全属性

（2）编辑子域下的目录权限，可参考 12.3.6 节，权限可分配给域中的用户，也可分配给林中的用户，如图 12-47 所示。

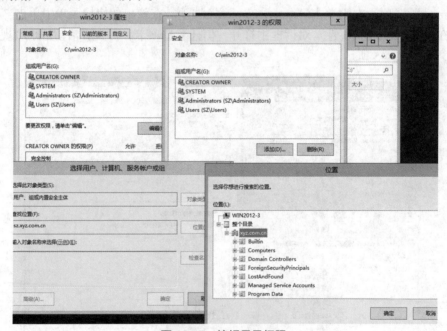

图 12-47 编辑目录权限

12.3.8 单一登录

当域用户登录时，输入的用户名和口令将被送到域控制器请求验证，域控制器如果认可了域用户输入的用户名和口令，域控制器将为域用户发放一个电子令牌，令牌描述了域用户隶属于哪些组、这些组具有何种权限等信息，令牌就相当于域用户的电子身份证。

当域用户访问域控制器上的共享文件夹时，域控制器的守护进程会检查访问者的令牌，然后将其被访问资源的访问控制列表进行比较。如果发现两者吻合，而访问者的令牌又证明了自己就是域中的域用户，那么访问者就可以透明地访问资源。

用户在自己的域中登录一次，就能访问整个林中分配的资源。

12.4 本章小结

活动目录是面向 Windows Standard Server、Windows Enterprise Server 及 Windows Datacenter Server 的目录服务。活动目录服务是 Windows Server 2012 操作系统平台的中心组件之一。理解活动目录对于理解 Windows Server 2012 的整体价值是非常重要的。

本章简要介绍了活动目录和域的基本概念；介绍了组织单位，提供了对其工作原理的概述；通过一个活动目录设计实例，详细介绍了域的安装、配置和应用。

12.5 章节练习

1. 什么是活动目录？
2. 什么是域？域跟工作组有什么区别？
3. 实战：配置域控制器和成员服务器。

（1）企业需求

A 公司是一家网络项目集成企业，员工人数为 100，为了满足公司的运营和管理需求，公司决定重新部署企业的网络。公司计划部署一个由约 100 台计算机组成的局域网，用于实现企业的数据通信和资源共享。

> 部门划分：行政部、人事部、工程部、财务部。划分为 4 个 OU。
> 域：采用单域结构，域名为 abc.com。与多域结构相比，其实现网络资源集中管理，并保障管理上的简单性和低成本。在域内按照部门名称划分组织单位（OU）。为保证可靠性，需要安装 2 台域控制器和 2 台 DNS 服务器。
> 用户账户：在各部门的 OU 中分别为该部门员工创建唯一的域用户账户，账户名为员工姓名的拼音，要求域用户账户在下次登录时更改密码，为避免试探密码，打开用户的锁定限制，密码最小长度为 8，并且符合复杂性要求。
> 组：为每个部门创建全局组。

（2）实验环境

可采用 VMware 或 VirtualBox 虚拟机进行实验环境搭建。

4. 实战：检验域成员能否成功访问域控制器中分配的资源。

根据练习 3 中的企业需求，创建某部门的访问资源，并用该部门下的员工账户访问域控制器中分配给该部门的资源，来检验实验操作是否成功。

第 13 章 组策略

本章要点

- 了解组策略的基本概念。
- 了解组策略的重要性。
- 掌握组策略的配置和相关应用实例。

组策略（Group Policy）是微软 Windows NT 家族操作系统的一个特性，它可以控制用户账户和计算机账户的工作环境。组策略提供了操作系统、应用程序和活动目录中用户设置的集中化管理和配置。

本章主要以实例的形式对组策略及相关的计算机配置与用户配置进行了详细的讲解，并给出了相关的配置步骤、配置命令和方法。通过对本章的学习，相信读者能够系统地掌握组策略，了解在实际应用中利用组策略的重要性。

13.1 组策略概述

13.1.1 什么是组策略

组策略（Group Policy）的全称是本地组策略编辑器，组策略是管理员为用户和计算机定义并控制程序、网络资源和操作系统行为的主要工具，通过使用组策略可以设置各种软件、计算机和用户的策略。

组策略以 Windows 中的一个 MMC 管理单元的形式存在，可以帮助系统管理员针对整个计算机或是特定的用户进行多种配置，包括桌面配置和安全配置。例如，组策略可以为特定用户或用户组定制可用的程序、桌面上的内容，以及"开始"菜单选按钮等，也可以在整个计算机范围内创建特殊的桌面配置。通俗一点说，组策略是介于控制面板和注册表之间的一套系统更改和管理工具配置的集合。

13.1.2 为什么需要组策略

注册表是 Windows 系统中保存系统软件和应用软件配置的数据库，而随着 Windows 功能越来越丰富，注册表里的配置项目也越来越多，很多配置都可以自定义设置，这些配置分布在注册表的各个角落，手工配置非常困难和繁杂。组策略将系统重要的配置功能汇集成各种配置模块，供用户直接使用，达到方便管理计算机的目的。

简单地说，组策略设置就是修改注册表中的配置。当然，组策略使用了更完善的管理组织方法，可以对各种对象中的设置进行管理和配置，远比手工修改注册表方便、灵活，功能也更加强大。

13.1.3　组策略的两种配置

组策略的配置方式有两种。

1．计算机配置

管理员必须将设置的组策略对象链接到包含计算机账户的组织单位下，该组织单位下的计算机才会应用此策略。

当计算机开机时，系统会根据计算机配置的内容来设置计算机的环境，包括桌面外观、安全设置、应用程序分配、计算机启动和关机脚本运行等。

2．用户配置

管理员必须将设置的组策略对象链接到包含用户账户的组织单位，该组织单位中的用户登录后才会应用此策略。

当用户登录时，系统会根据用户配置的内容来设置用户的工作环境，包括应用程序配置、桌面配置、应用程序分配、计算机启动和关机脚本运行等。

如果用户配置和计算机配置有冲突，一般以计算机配置优先。

13.1.4　组策略的类型

组策略包括两种类型。

1．域内的组策略

策略会被应用到域内的所有计算机和用户，按组策略对象可分为 3 类。

（1）站点策略。

（2）域策略。

（3）组织单位策略。

以上域内组策略的作用优先级从上到下依次降低。

2．本地计算机策略

（1）计算机配置只会应用在此计算机。

（2）用户策略将应用到在此计算机登录的所有用户。

域内的组策略和本地计算机策略的作用范围如图 13-1 所示。

➢ 默认域策略：作用于整个域中的计算机和用户。

➢ 默认域控制器策略：作用于整个域中的全部域控制器。

➢ 组织单位上的策略：作用于整个组织单位的计算机和用户。

➢ 本地计算机策略：作用于所有的计算机和用户。

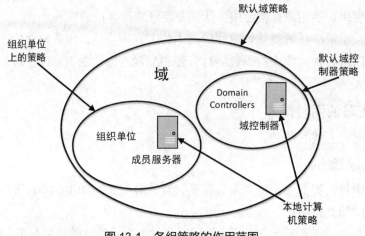

图 13-1　各组策略的作用范围

13.2　本地计算机策略

本地组策略（Local Group Policy，LGP）是组策略的基础版本，它面向独立且非域的计算机。在 Windows XP 家庭版中它就已经存在，并且可以应用到域计算机。

在 Windows Vista 之前，LGP 可以强制应用组策略对象到单台本地计算机，但不能将策略应用到用户或组，故最初被定义为本地计算机策略。从 Windows Vista 开始，LGP 允许本地组策略管理单个用户和组，并允许使用"GPO Packs"在独立计算机之间备份、导入和导出组策略——组策略容器包含导入策略到目标计算机的所需文件。

打开本地计算机组策略有两种方式，其一是在"运行"对话框中直接输入 gpedit.msc；其二是打开操作系统控制台，从中调用组策略编辑器，具体步骤如下。

（1）在 Windows 系统的"运行"对话框中输入"mmc"，打开控制台，如图 13-2 所示。

（2）在控制台的"文件"菜单下选择"添加/删除管理单元"命令，如图 13-3 所示。

图 13-2　Windows 系统的"运行"对话框

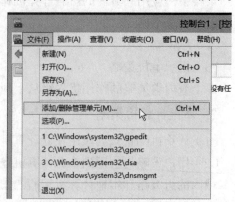

图 13-3　控制台的"文件"菜单

（3）在"添加或删除管理单元"对话框中选择 "组策略对象编辑器"管理单元，单击"添加"按钮后，再单击"确定"按钮，如图 13-4 所示。

（4）选择"本地计算机"选项，本地组策略对象存储在本地计算机上，"本地计算机"为默认项，如图 13-5 所示。

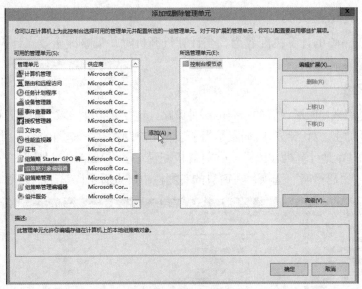

图 13-4 "添加或删除管理单元"对话框

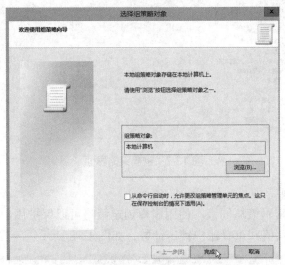

图 13-5 "选择组策略对象"对话框

（5）单击"完成"按钮之后，在"控制台根节点"下打开"本地计算机 策略"列表项，在它的分支下有"计算机配置""用户配置"选项，如图 13-6 所示。

图 13-6 "本地计算机 策略"界面

13.2.1 计算机配置实例

本地计算机策略的计算机配置为，当计算机开机时，策略即生效。计算机配置策略有多种，本节介绍 4 种。

1. 密码策略

密码策略是用来局限所设置的密码的一种策略，包括复杂性要求、最小长度、使用期限、密码历史及还原加密。对密码进行局限是为了强制用户设置一个安全的密码，依次展开"控制台根节点"下的"本地计算机 策略"→"计算机配置"→"Windows 设置"→"安全设置"→"账户策略"→"密码策略"选项，在窗口的右侧栏中可查看密码策略，如图 13-7 所示。

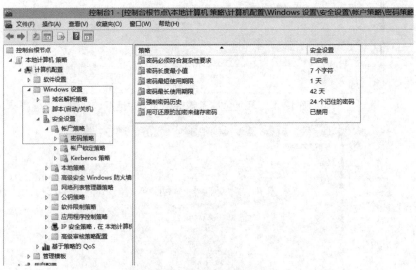

图 13-7 密码策略界面

2. 账户锁定策略

账户锁定策略与密码策略同级。使用账户锁定策略可以保护用户账户的安全，包括账户的锁定时间、锁定阈值和重置账户锁定计数，如图 13-8 所示。

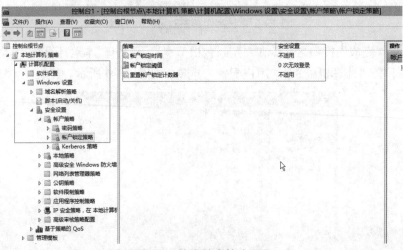

图 13-8 账户锁定策略界面

3．用户权限分配

依次选择控制台根节点下的"本地计算机 策略"→"计算机配置"→"Windows 设置"→"安全设置"→"本地策略"选项，打开"用户权限分配"列表，通过用户权限分配，可以为某些用户和组授予或拒绝一些特殊的权限，如拒绝网络访问、拒绝远程登录、更改系统时间、拒绝本地登录等，如图 13-9 所示。

图 13-9　用户权限分配界面

4．安全选项

通过"本地策略"中的"安全选项"，可以控制一些与操作系统安全相关的设置，如允许系统在未登录的情况下关闭、允许自动管理登录等，如图 13-10 所示。

图 13-10　安全选项界面

注意：要使本地安全策略生效，需要运行"gpupdate/force"命令或者重启计算机。

13.2.2 用户配置实例

本地计算机策略的用户配置为，当用户登录时策略才会生效。个别特殊的用户策略需重启计算机才会生效，此类策略设置完毕后，系统会自动提醒重启计算机。

1. 删除"开始"菜单中的"运行"菜单

（1）依次展开"本地计算机 策略"→"用户配置"→"管理模板"→"'开始'菜单和任务栏"选项，在右侧栏的"设置"列表中右键单击"从'开始'菜单中删除'运行'菜单"选项，在弹出的快捷菜单中选择"编辑"命令，如图 13-11 所示。

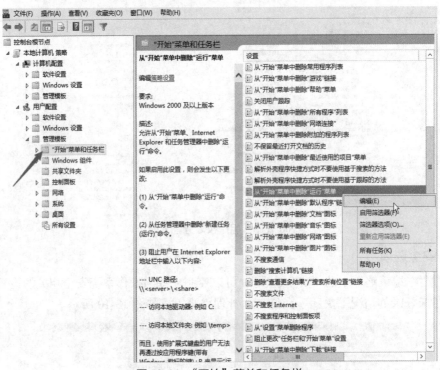

图 13-11 "开始"菜单和任务栏

（2）在新打开的窗口中，选择"已启用"单选按钮后，单击"确定"按钮，如图 13-12 所示。

（3）检验配置结果，打开"开始"菜单，发现"运行"命令已消失，使用"WIN+R"组合键，发现"运行"命令已被限制，如图 13-13 所示。

2. 将"控制面板"内的 Windows 防火墙隐藏

Windows 防火墙是 Windows 操作系统自带的软件防火墙。在当前网络威胁泛滥的环境下，通过专业的可靠工具来保护计算机信息安全十分重要。设置好防火墙相关规则后，应将它隐藏，以防止被一般用户修改。

（1）依次展开"本地计算机 策略"→"用户配置"→"管理模板"→"控制面板"选项，右键单击右侧栏"设置"列表中的"隐藏指定的'控制面板'项"选项，在弹出的快捷菜单中选择"编辑"命令，如图 13-14 所示。

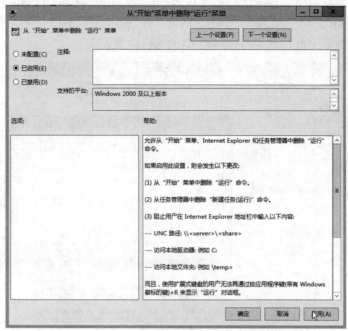

图 13-12　从"开始"菜单中删除"运行"菜单

图 13-13　限制提示对话框

图 13-14　"控制面板"界面

（2）在打开的窗口中选择"已启用"单选按钮，单击"显示"按钮，在"显示内容"对话框中输入"Windows 防火墙"，单击"确定"按钮，如图 13-15 所示。在应用了此配置项后，重新打开控制面板，发现 Windows 防火墙已隐藏。

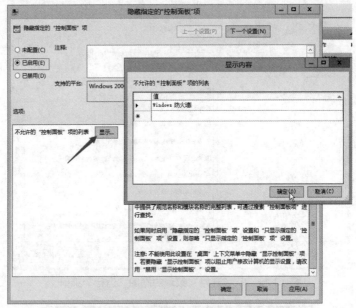

图 13-15　隐藏 Windows 防火墙

13.3　组策略对象

组策略对象（Group Policy Object，GPO）实际上就是组策略设置的集合，组策略有继承性和累加性。

当域、站点与组织单位之间的 GPO 配置发生冲突时，优先处理顺序靠后的 GPO。系统处理 GPO 的顺序是：站点 GPO → 域 GPO → 组织单位 GPO，因此组织单位 GPO 被优先处理，本地计算机策略的处理优先级最低。

系统先处理计算机配置，再处理用户配置，如果组策略内的计算机配置与用户配置冲突，则计算机配置优于用户配置。多个配置应用到同一处时，排在前面的组策略优先。

13.3.1　组策略管理

通过 MMC 控制台添加组策略管理。

打开 MMC 控制台，在控制台的"文件"菜单下选择"添加/删除管理单元"命令，在对话框中选择"组策略管理"管理单元，单击"添加"按钮后，再单击"确定"按钮，如图 13-16 所示。

在打开的组策略管理窗口的左侧栏中，依次展开"组策略管理"→"林：xyz.com.cn"→"域"→"xyz.com.cn"→"组策略对象"选项，在其下可查看到两个内置 GPO，第一个是默认域控制器策略（Default Domain Controllers Policy），第二个是默认域策略（Default Domain Policy），如图 13-17 所示。

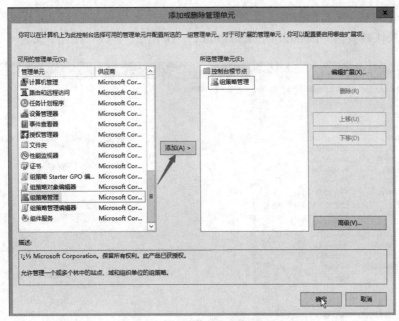

图 13-16　控制台添加组策略管理

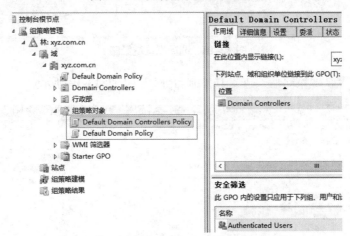

图 13-17　组策略管理中的两个内置 GPO

默认域控制器组策略通常只影响域中所有的域控制器，域策略会应用到整个域，其存储在域控制器上。

13.3.2　策略设置与首选项设置

组策略包括策略设置和首选项设置。策略设置在用户登录期间应用到计算机系统和用户，首选项设置是部署到台式计算机和服务器的管理配置。

首选项设置与策略设置的不同之处包括以下几点。

➢ 策略设置是强制的，首选项设置是非强制的。

➢ 策略设置针对整个 GPO 进行过滤，首选项设置可针对单一项目进行过滤。

➢ 策略设置优先于首选项设置。

➢ 应用首选项设置须安装 CSE 软件。

（1）通过 MMC 控制台添加组策略管理编辑器，操作步骤参考 13.3.1 节，单击"浏览"按钮，选择默认域策略（Default Domain Policy）后单击"完成"按钮，如图 13-18 所示。

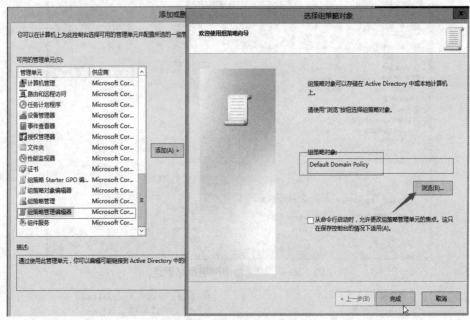

图 13-18　选择默认域策略

（2）添加完默认域策略后，进入其控制台窗口，如图 13-19 所示。

图 13-19　默认域策略的控制台窗口

13.3.3　策略的应用时限

策略的应用时限包括计算机配置应用时限和用户配置应用时限两种。

1．计算机配置的应用时限

计算机配置策略只对计算机操作系统有效，策略设置在以下 5 种情况下被更新应用。

（1）计算机开机，启动到用户登录界面时。

（2）计算机开机后，域控制器每 5 分钟自动应用一次。

（3）计算机开机后，非域控制器每 90～120 分钟自动应用一次。

（4）计算机开机后，系统每 16 小时自动运行一次。

（5）手工应用（gpupdate）。

2. 用户配置的应用时限

用户配置策略只对登录系统后的用户有效，策略设置在以下 4 种情况下被更新应用。

（1）用户登录时会自动应用。

（2）用户登录后，系统每 90~120 分钟自动应用一次，系统每 16 小时自动运行一次。

（3）手工应用（gpupdate）。

13.3.4　计算机配置实例

组策略的计算机配置为，当计算机开机时，策略才会生效。必须将 GPO 放到域控制器的 OU 下，该 OU 下的计算机才会应用这个策略。计算机配置的内容有多种，本节介绍 4 种。

1. 允许普通用户在域控制器登录

（1）打开默认域策略控制台窗口，在左侧栏中依次展开"计算机配置"→"策略"→"Windows 设置"→"安全设置"→"本地策略"→"用户权限分配"选项，右键单击右侧栏"策略"列表的"允许本地登录"选项，在弹出的快捷菜单中选择"属性"命令，如图 13-20 所示。

图 13-20　默认域策略的用户权限分配界面

（2）打开"允许本地登录 属性"对话框，勾选"定义这些策略设置"复选框，单击"添加用户或组"按钮，通过浏览查找操作，添加域普通用户 XYZ\zhangsan，完成后如图 13-21 所示。

（3）策略设置完成之后，需在命令提示符窗口用"gpupdate"命令执行更新才能生效，如图 13-22 所示，命令语法为 gpupdate[/Target:{Computer|User}][/Force]。

图 13-21 "允许本地登录 属性"对话框   图 13-22 gpupdate 命令执行窗口

2. Windows 防火墙设置

打开默认域策略控制台窗口，在左侧栏中依次展开"计算机配置"→"策略"→"管理模板：从本地计算机中检索"→"网络"→"网络连接"→"Windows 防火墙"→"域配置文件"选项，在窗口的右侧栏中可以对 Windows 防火墙进行相关配置，默认都是"未配置"状态，如图 13-23 所示。

图 13-23 "域配置文件"界面

3．时间提供程序设置

打开默认域策略控制台窗口，在左侧栏中依次展开"计算机配置"→"策略"→"管理模板：从本地计算机中检索"→"系统"→"Windows 时间服务"→"时间提供程序"选项，在窗口右侧栏的"设置"列表中可选择一个项目来查看它的描述，如图 13-24 所示。

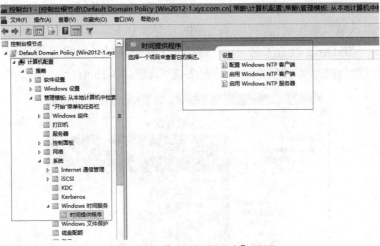

图 13-24 "时间提供程序"界面

在"时间提供程序"界面，可以对 Windows NTP 客户端进行配置和启用。

4．禁止安装可移动设备

打开默认域策略控制台窗口，在左侧栏中依次展开"计算机配置"→"策略"→"管理模板：从本地计算机中检索"→"系统"→"设备安装"→"设备安装限制"选项，右键单击"禁止安装可移动设备"选项，在弹出的快捷菜单中选择"编辑"命令，选择"已启用"单选按钮，然后再单击"确定"按钮，更新服务后，策略将被启用，如图 13-25 所示。

图 13-25 "设备安装限制"界面

13.3.5 用户配置实例

组策略的用户配置为，当用户登录时策略才会生效。将 GPO 置于拥有用户账户的 OU 下，该 OU 下的用户登录后，才会应用策略。本节通过 4 个步骤介绍 4 个实例，它们具有一定的连贯性。

第一步：要求指定用户只能通过企业内的代理服务器上网。

（1）打开默认域策略控制台窗口，在左侧栏中依次展开"用户配置"→"首选项"→"控制面板设置"→"Internet 设置"选项，右键单击，在弹出的快捷菜单中选择"新建"命令，进行 Internet 设置，IE 版本按实际应用情况来选，如图 13-26 所示。

图 13-26 "Internet 设置"界面

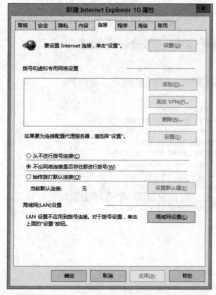

图 13-27 "新建 Internet Explorer 10
属性"对话框

（2）本例中，选择新建 Internet Exploer 10，通过"工具"菜单打开属性对话框，在其"连接"选项卡中，选择"不论网络连接是否存在都进行拨号"单选按钮后，单击"局域网设置"按钮，如图 13-27 所示。

（3）注意图 13-28 对话框中的虚线，其代表配置已设置，但没有更新，需为其设置代理服务器，参数如图 13-28 所示，注意勾选"对于本地地址不使用代理服务器"复选框。

（4）按"F5"键更新，系统确认成功后虚线消失，如图 13-29 所示。

（5）单击"确定"按钮后回到 IE 属性对话框，单击"应用"按钮后再单击"确定"按钮，如图 13-30 所示。

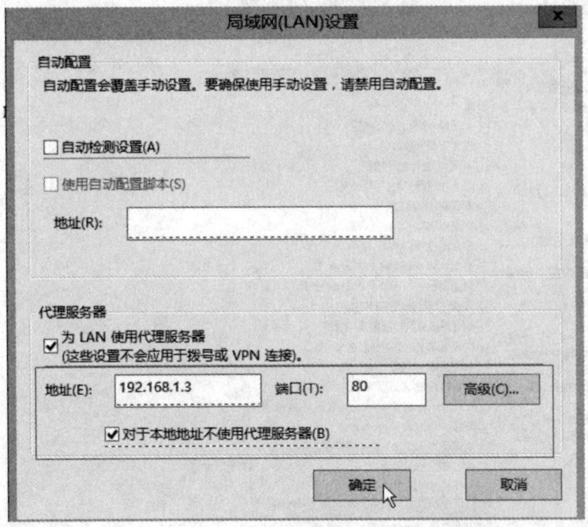

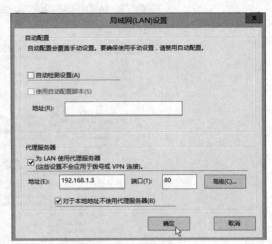

图 13-28 "局域网（LAN）设置"对话框   图 13-29 虚线消失

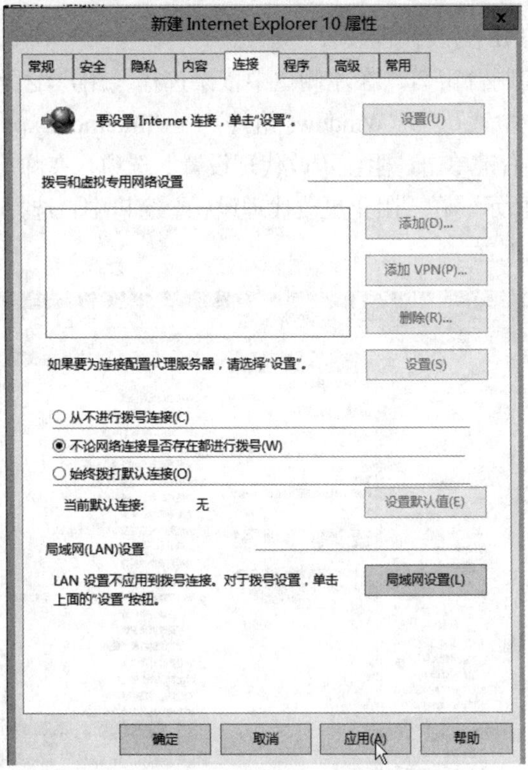

图 13-30 应用对应设置

第二步：禁用用户 IE 浏览器自动配置设置。

打开默认域策略控制台窗口，在左侧栏中依次展开"用户配置"→"策略"→"管理模板：从本地计算机中检索"→"Windows 组件"→"Internet Explorer"选项，在窗口右侧栏的"设置"列表中，右键单击"禁用更改自动配置设置"选项，如图 13-31 所示，在弹出的快捷菜单中选择"编辑"命令。在"禁用更改自动配置设置"窗口中，选择"已启用"单选按钮后，单击"确定"按钮完成配置。

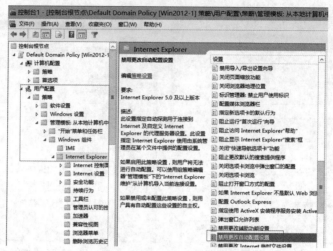

图 13-31　默认域策略禁用用户 IE 浏览器自动配置设置

第三步：禁用用户 IE 更改代理设置。

打开默认域策略控制台窗口，在左侧栏中依次选择"用户配置"→"策略"→"管理模板：从本地计算机中检索"→"Windows 组件"→"Internet Explorer"选项，在窗口右侧栏的"设置"列表中，右键单击"阻止更改代理设置"选项，在弹出的快捷菜单中选择"编辑"命令，如图 13-32 所示。在"阻止更改代理设置"窗口中，选择"已启用"单选按钮后，单击"确定"按钮完成配置。

图 13-32　默认域策略禁用用户 IE 更改代理设置

第四步：域用户测试。

（1）域用户在策略更新之后可进行测试（已登录的域用户在命令提示符窗口中用 gpupdate 命令更新，如图 13-33 所示，未登录的域用户会在登录时自动更新）。

（2）在域用户使用的操作系统中，依次选择"IE 浏览器"→"工具"→"Internet 选项"选项，在对话框中选择"连接"选项卡，单击"局域网设置"按钮，在打开的对话框中，可发现刚才用户配置的策略限制设置已生效，如图 13-34 所示。

图 13-33 "gpupdate" 命令更新窗口

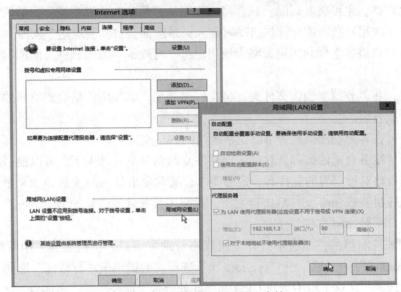

图 13-34 策略限制设置已生效

13.3.6 使用组策略发布软件

利用此策略可以完成以下 3 项任务。

1. 将软件分配给用户

当将一个软件通过组策略分配给域内的用户后，用户在域内的任何一台计算机登录时，这个软件都会被"通告"给该用户，但这个软件并没有真实地被安装，而只是安装了与这个软件相关的部分信息。只有在以下两种情况下，这个软件才会被自动安装。

（1）开始运行此软件。如用户登录后执行操作："开始"→"控制界面"→"添加或删除程序"→"添加程序"，单击该软件的快捷方式，或双击桌面上的软件快捷方式后，就会自动安装此软件。

（2）利用"文件启动"功能。例如，假设被"通告"的程序为 Microsoft Excel，当用户登录后，他的计算机会自动将扩展名为 .xls 的文件与 Microsoft Excel 关联在一起，此时用户只要双击扩展名为 .xls 的文件，系统就会自动安装 Microsoft Excel。

2. 将软件分配给计算机

当将一个软件通过组策略分配给域内的计算机后，在这些计算机启动时，这个软件就会自动安装到这些计算机里，且安装到公用程序组内，也就是安装到 "Documents and

Settings\All Users"文件夹内。任何用户登录后，都可以使用此软件。

3. 自动修复软件

一个被发布或分配的软件在安装完成后，如果此软件程序内有关键的文件损坏、遗失或被用户不小心删除，系统会自动探测到此不正常现象，并且会自动修复、重新安装此软件。

在使用组策略发布软件时，还可以为用户升级已安装的低版本软件，前提是用户安装的软件能被识别。同时一个被发布或分配的软件，在用户将其安装完成后，如果不想再让用户使用此软件，也可将其删除。只要将该程序从组策略内的发布或分配的软件清单中删除，并设置下次用户登录或计算机启动时删除，系统即会自动删除这个软件。

在本节中只讲述怎样利用组策略为域用户组"行政部"发布软件，前期准备工作顺序如下。

第一步：在服务器上创建文件夹，将文件夹共享，确保组策略会影响到的用户对目录至少具有读取权限。

第二步：在客户端测试是否可以正常地访问共享文件夹。

第三步：准备合适的被部署软件，把软件复制到共享文件夹下，可以根据需要建立子文件夹。组策略对被部署的软件有一定的要求，通常要求是 .msi 文件，如果是 .exe 文件，需进行打包或封装成 .msi 文件后进行发布，封装工具软件如微软的 Discover。

方式一：部署 .msi 文件。

（1）在域控制器的控制台中打开"组策略管理"窗口，依次展开"组策略管理"→"林：xyz. com.cn"→"域"→"xyz.com.cn"选项，右键单击"行政部"选项，在弹出的快捷菜单中选择"在这个域中创建 GPO 并在此处链接"命令，新建名称为"软件发布"的策略，单击"确定"按钮，如图 13-35 所示。

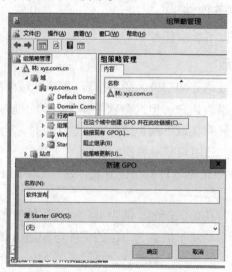

图 13-35 "新建 GPO"对话框

（2）在根域下展开"行政部"选项，右键单击新建的"软件发布"选项，选择"编辑"命令，如图 13-36 所示。

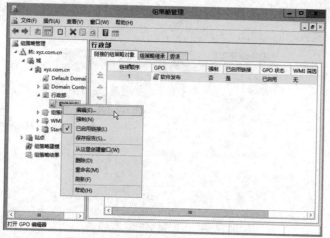

图 13-36 组策略管理的软件发布编辑

（3）在打开的"组策略管理编辑器"窗口中，依次展开"用户配置"→"策略"→"软件设置"选项，右键单击"软件发布"选项，选择"新建"→"数据包"命令，如图 13-37 所示。

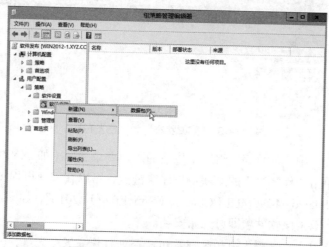

图 13-37 "组策略管理编辑器"窗口

（4）在 Windows 资源管理器中，打开共享文件夹"Win2012-1"，选择其中需要发布的安装数据包"Office64MUI.msi"，如图 13-38 所示。

图 13-38 组策略管理软件发布选择数据包对话框

（5）选中数据包后单击"打开"按钮，在"部署软件"对话框中，默认部署方法是"已发布"，单击"确定"按钮，如图 13-39 所示。

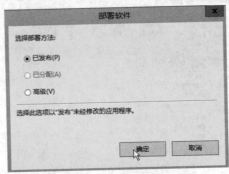

图 13-39 "部署软件"对话框

（6）回到"组策略管理编辑器"窗口，发现微软 Office 软件的"部署状态"是"已发布"，如图 13-40 所示。

图 13-40 "部署状态"为"已发布"

（7）在客户端，用"行政部"组织单位下的用户登录到域（如 XYZ\zhangsan）。在控制面板窗口中，单击"程序"下的"获得程序"链接，可以在"获得程序"窗口看到软件"Microsoft Office Shared 64-bit MUI（Chinese（Simplified））2010"，如图 13-41 所示。该软件实际并未安装，双击该软件项即可开始安装。

注意：需将域用户加入到本地的管理员组，否则软件安装会失败。

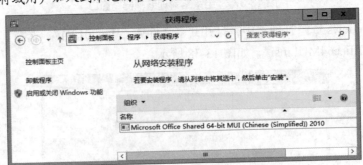

图 13-41 域用户"获得程序"窗口

方式二：把 .exe 文件打包成 .zap 文件。

（1）将被发布的文件（如"winrar-x64-540scp.exe"）放到域控制器共享文件夹的"新

建文件夹"下，如图 13-42 所示。

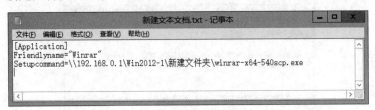

图 13-42　被发布的 .exe 文件存放路径窗口

（2）在"新建文件夹"下，再新建一个文本文档，其内容如图 13-43 所示。

图 13-43　新建文本文档内容窗口

（3）保存并修改文本文档的后缀名为 .zap，在弹出的"重命名"对话框中单击"是"按钮，如图 13-44 所示。

图 13-44　修改文本文档扩展名

（4）打开"组策略管理编辑器"窗口，在左侧栏中依次选择"用户配置"→"策略"→"软件设置"→"软件安装"选项，右键单击，选择"新建"→"数据包"命令，在图 13-45 所示的对话框右下角的下拉列表中选择"ZAW 早期版本应用程序数据包（*.ZAP）"选项，然后再选中出现的"新建文本文档.zap"文件，单击"打开"按钮，将 .zap 文件进行发布。

（5）最后右键单击"软件安装"选项，选择"属性"命令，在"软件安装 属性"对话框的"高级"选项卡中，勾选"使 32 位 X86 早期版本（ZAP）应用程序对 Win64 计算机可用"复选框，单击"确定"按钮，如图 13-46 所示。

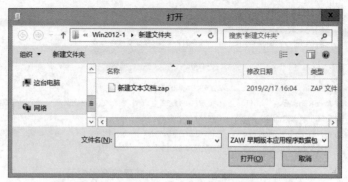

图 13-45　发布.zap 文件对话框

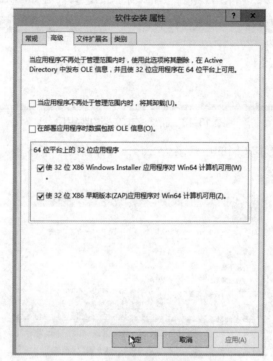

图 13-46　"软件安装 属性"对话框

（6）在客户端用"行政部"组织单位下的用户（如 XYZ\zhangsan）登录到域。在控制面板窗口中，单击"程序"下的"获得程序"链接，可以看到软件"Winrar-x64-540scp"，双击它即可进行安装。

13.4　本章小结

本章概述了什么是组策略、为什么需要组策略、各类组策略的运行处理规则，并提供了本地计算机策略和组策略对象中计算机配置和用户配置的相关实例。

读者通过阅读此章节，能够对组策略和本地策略有比较透彻的认识，能够了解在组策略和本地策略下，计算机配置和用户配置的区别。

13.5　章节练习

1. 什么是组策略？它包含了哪几种类型？
2. 计算机本地策略与组策略有哪些区别？
3. 在组策略中，计算机配置与用户配置有哪些区别？
4. 实战：在本地策略中，删除用户系统下"开始"菜单中的"运行"命令。

（1）企业需求

某公司网络管理员出于对计算机操作系统的安全考虑，要删除用户系统下"开始"菜单中的"运行"命令，请在本地策略中进行相关的设置。

（2）实验环境

可采用 VMware 或 VirtualBox 虚拟机进行实验环境搭建。

5. 实战：在域控制器组策略中升级软件策略的应用。

（1）企业需求

某公司的计算机采用域控制器管理，公司内普通员工的计算机都是域成员。现网络管理员须为公司这些员工计算机操作系统中的 Office 软件进行升级，请在域控制器的组策略中进行相关的设置。

（2）实验环境

可采用 VMware 或 VirtualBox 虚拟机进行实验环境搭建。

第 14 章 企业局域网设计

本章要点

- 了解企业局域网相关概念。
- 掌握网络的规划。
- 掌握服务器的规划。

企业要实现信息化管理，首要的条件就是建立企业局域网。企业局域网的建设目标是为全企业人员提供一个信息交流和合作的平台，在需要时连接 Internet，以充分利用 Internet 上的资源，实现对外（企业与企业、企业与社会）的信息发布、交流与合作。

本章简要介绍什么是企业局域网，为什么企业需要建设局域网。并以实例形式，通过一个虚构的企业，展现企业的组织结构图，结合企业的需求进行分析，做出对企业整个局域网的规划和设计。

14.1 企业局域网概述

现代企业一般都集中在一个建筑物内办公，企业中有多台计算机，同时还有其他的硬件设备，如打印机、扫描仪和数码相机等。企业已经开始考虑使用 Internet/Intranet 技术，以建设规范化的信息处理系统，通过 Internet 与外部世界交换信息，使企业与外部世界连接起来，从而提高企业的信息收集与处理能力和效率。

企业内部网（Intranet）是互联网（Internet）技术在企业内部的应用，Intranet 使用 Internet 技术，通过 TCP/IP 建成企业内部网络。通过此网络，可以共享企业内部各种软、硬件资源，节约资金投入，提高设备的利用率。通过共享 Internet 连接，可以使网络中的所有用户都享受到高速、稳定而又廉价的 Internet 接入。

企业局域网一般都采用 Windows 7/8/10 对等网，也可以采用 Windows Server 2012 组建主从网，即"服务器+工作站"的网络模型。

在网络主干方面，无论是对等网还是主从网，都需要如下设备：若干台计算机、交换机、路由器和双绞线等。

14.2 企业局域网的网络需求

在对一个企业局域网进行规划分析之前，需要了解该企业的背景和需求。企业的背景有时决定了局域网的信息安全等级，例如，涉及国防核心技术的企业，其信息安全等级可达到第 5 级（验证访问保护级）。企业的需求同样也决定了局域网综合布线的复杂度。

假设某普通 IT 企业约有 180 名员工，最大的部门人数约为 50 人，其对网络的具体需求如下。

（1）公司约一半员工使用台式计算机办公，这些计算机可以设置固定 IP 地址；另一半员工使用便携式计算机移动办公，从网络自动获得 IP 地址。

（2）企业需要自己的域名。

（3）需要通过网络互相查找计算机并共享资源。

（4）要求有以公司域名结尾的个人邮箱，使用该邮箱不仅可以与公司内的员工互发邮件，还可向公司外部发邮件。

（5）研发部员工经常需要共享大量的开发文档、技术资料，员工提出需要架设 FTP 服务器上传或者下载资料；打印机要共享，并实现安全控制。

（6）员工只需要一个用户名和密码就能访问所需的资源，而无须在多个资源服务器反复登录。

（7）出于安全等考虑，需要对企业的全部员工、计算机，或者一些有共同特性的员工群体执行一些强制性的、统一的配置。

（8）公司内部的员工需要能够访问互联网，互联网上的用户也要能访问架设在企业内部的网站。

（9）员工要能够在出差或下班期间从互联网接入到企业内部网络进行办公，访问时需要保证数据的安全性。

公司的组织结构图如图 14-1 所示。

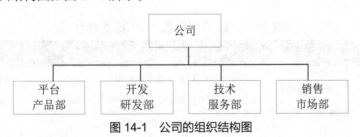

图 14-1 公司的组织结构图

14.3 网络规划设计

本节通过虚构的企业需求来完成对企业局域网的规划设计，重点讲解 Windows Server 2012 R2 的配置，对网络中其他元素的设计只作简单介绍，具体内容请查阅其他相关书籍。

14.3.1 系统组成与拓扑结构

为了阐明主要问题，在本设计方案中对实际企业局域网的设计进行了适当和必要的简化。设计方案主要由以下 3 个部分组成：交换模块、广域网接入模块和服务器模块。整个网络系统的拓扑结构如图 14-2 所示。本节以服务器模块为主展开介绍。

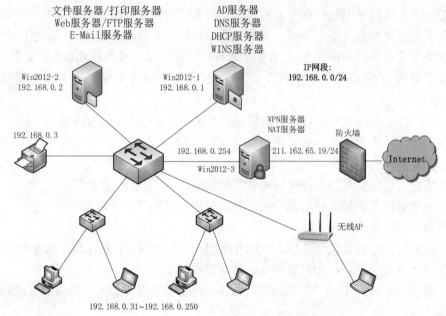

图 14-2　公司的网络系统拓扑结构图

14.3.2　网络规划

作为一个有 180 名员工的企业，其网络规模实际上相当于一个中型网络，在实际网络规划中，应根据企业的组织结构和需求划分多个 VLAN，但此知识不是本书涉及的知识点，因此在方案设计中把企业的所有计算机设计在一个 VLAN 内。

在整个企业局域网中，各服务器所承担的角色及企业内部计算机 IP 地址划分方案如表 14-1 所示。

表 14-1　服务器角色与 IP 地址划分

服务器名称	服务器 IP	服务器角色	说明
Win2012-1	192.168.0.1	AD 服务器/DNS 服务器； DHCP 服务器/WINS 服务器	域控制器； xyz.com.cn
Win2012-2	192.168.0.2	文件服务器/打印服务器； Web 服务器/FTP 服务器； E-mail 服务器/终端服务器	域控制器
Win2012-3	192.168.0.254 211.162.65.19	接入服务器； NAT 服务器	NAT 服务器； 内/外 IP

在网络规划中，企业内部网络使用固定 IP 地址，采用的是私网 IP，网络 ID 为192.168.0.0，子网掩码为 255.255.0.0，网关为 192.168.0.254。网关地址分配给 NAT 服务器Win2012-3，相关知识请查阅前述章节。采用几台交换机将企业所有员工的计算机和服务器

进行互连，在会议室等公用场合部署无线 AP，方便移动客户端随时随地接入。

14.3.3　网络服务器规划

服务器模块用于为企业局域网的接入用户提供各种服务。在网络规划中，用 3 台服务器来满足企业的业务需求，如表 14-1 所示。

企业局域网提供的服务器包括以下 9 种。

1．AD 服务器

在 Windows 平台下，通过活动目录组件（AD）来实现目录服务。它将网络中的各类资源组合起来进行集中管理，方便用户检索网络资源，使企业可以轻松地管理复杂的网络环境。

AD 服务的功能如下。

（1）服务器与客户端管理：管理服务器与客户端计算机账户，将所有服务器与客户端加入域管理，实施组策略。

（2）用户服务管理：管理用户域账户、用户信息、企业通讯录（与电子邮件系统集成）、用户组、用户身份认证、用户授权等。

（3）资源管理：管理网络中的打印机、文件共享服务等网络资源。

（4）基础网络服务支撑：包括 DNS、WINS、DHCP、证书服务等。

（5）策略配置：系统管理员可以通过 AD 集中配置客户端策略，如界面功能的限制、网络连接限制、本地配置限制等。

2．DNS 服务器

DNS 用作域名解析是 Internet 的一项核心服务，它将域名和 IP 地址相互映射成一个分布式数据库，方便用户记忆，使用户能轻松地访问 Internet。企业申请的域名是 xyz.com.cn。

3．WINS 服务器

WINS 和 DNS 一样，用于解析 IP 地址，故一般将 WINS 服务和 DNS 服务放在同一台服务器上。WINS 为 NetBIOS 名称提供名字注册、更新、释放和解析 4 个服务。这些服务允许 WINS 服务器维护一个将 NetBIOS 名链接到 IP 地址的动态数据库，从而减轻网络交通的负担。

4．DHCP 服务器

DHCP 用于简化网络中的 IP 地址分配工作。企业中员工数量比较多，手工设置 IP 费时费力，且容易出现 IP 地址冲突等问题，利用网络中的 DHCP 服务器自动设置 IP 地址，可以减少工作量，避免出现 IP 地址冲突等问题。在本实例中，企业员工自动分配 IP 地址设置范围是：192.168.0.31~192.168.0.250。

5．Web 服务器

企业将开发完成的 Web 程序发布到 Web 服务器上。用户浏览器通过 HTTP 与 Web 服务器建立连接，浏览器向 Web 服务器请求所需的 Web 文件，Web 服务器响应该请求，同时把请求的 Web 文件发送给用户浏览器，浏览器将文件解析、渲染后在客户端呈现。

6. FTP 服务器

FTP 就是网络上用来传输文件的应用层协议，全称是文件传输协议。用户可通过浏览器或 FTP 客户端登录 FTP 服务器，上传或下载服务器上分配的文件。FTP 支持对登录用户进行身份验证，并设定不同用户的访问权限，可以很好地满足企业研发部员工的需求。

7. E-mail 服务器

E-mail 服务器为用户提供 E-mail 服务，用户通过访问服务器实现邮件的交换。它负责将本机器上发出的 E-mail 发送出去，同时负责接收其他主机发过来的 E-mail，并将各种电子邮件分发给每个用户。通过 Windows Server 2012 R2 提供的 SMTP 服务，结合第三方的 POP3 服务（如 Visendo SMTP Extender）架设小型邮件服务器，可以满足企业需求。

8. 文件、打印服务器

（1）文件服务器提供文件共享服务，文件服务器资源管理器配合文件服务器进行权限管理，可对文件服务器存储的数据进行管理和分类。

（2）打印服务器连接物理打印设备，并将打印设备共享后部署给网络用户。打印服务器负责接收用户发送来的文档，然后将文档发送给打印设备进行打印。

9. VPN 服务器、NAT 服务器

（1）虚拟专用网（VPN）可以跨专用网络或公用网络创建点对点连接，使远程用户通过 Internet 安全地访问企业内部网络资源，也可以让分布在不同地点的局域网之间安全地通信，使企业员工在外出差时与公司内部进行信息沟通和资源共享。

（2）NAT 服务器即网络地址转换服务器。Windows Server 2012 R2 的网络地址转换功能可以使位于企业内部网络的所有计算机共享一个公网地址（211.162.65.19/24），并连接到 Internet 网上，浏览网页和收发邮件。

14.3.4 网络服务器部署实例

前面章节已分别用实例介绍了各服务器角色的安装、功能及相关应用，本节针对本实例设计中几个企业需求来介绍解决方案，实例中的服务器 Win2012-2 的操作系统是 Windows Server 2012 R2，域用户或计算机的操作系统是 Windows 7。

1. 将共享文件夹发布到 AD DS

在域控制器中，用户须为 Domain Admins 或 Enterprise Admins 组内的用户，或是被委派权限者，才可以执行发布共享文件夹的任务。将共享文件夹发布到 AD DS 后，域用户才可方便地通过 AD DS 查询并访问共享文件夹。

假设企业需要共享文件服务器 Win2012-2 中的文件夹 "C:\产品资料"。

第一步：在资源管理器中将 "C:\产品资料" 设置为共享文件夹，同时设置其共享名为 "产品资料"。

方法一：用 Active Directory 用户和计算机控制台发布。

（1）选择 "服务器管理器" → "工具" → "Active Directory 用户和计算机" 选项，通过 AD 中的组织单位 "产品部" 发布。右键单击 "产品部" 选项，选择 "新建" → "共享文件夹" 命令，如图 14-3 所示。

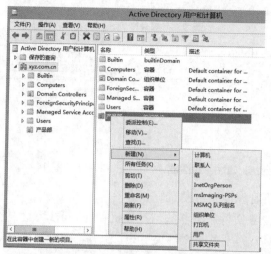

图 14-3　Active Directory 用户和计算机控制台

（2）设置共享文件夹的名称为"产品资料"，"网络路径"处输入此共享文件夹的路径，此处填入"\\192.168.0.2\产品资料"，如图 14-4 所示，单击"确定"按钮。

图 14-4　"新建对象 - 共享文件夹"对话框

（3）打开组织单位"产品部"，双击刚建立的对象"产品资料"，如图 14-5 所示。

图 14-5　组织单位中新建的对象产品资料

（4）在"产品资料 属性"对话框的"常规"选项卡中单击"关键字"按钮，如图 14-6 所示。

（5）将与此文件夹相关的关键字（如产品参数、产品型号等）通过"新值"文本框输入，单击"添加"按钮将其添加到"当前值"列表中，用户可通过关键字来找到此共享文件夹，如图 14-7 所示。

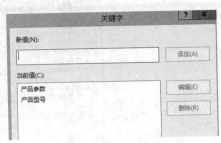

图 14-6 "产品资料 属性"对话框 　　　　　　图 14-7 "关键字"对话框

方法二：用计算机管理控制台发布。

（1）打开 Win2012-2 文件服务器的"计算机管理"窗口，在左侧栏中依次选择"计算机管理"→"系统工具"→"共享文件夹"→"共享"选项，如图 14-8 所示。

图 14-8 "计算机管理"窗口中的共享对象界面

（2）在右侧栏中，双击共享文件夹"产品资料"，在打开的对话框中，选择"发布"选项卡，勾选"将这个共享在 Active Directory 中发布"复选框，单击"确定"按钮，如图 14-9 所示。

图 14-9 "产品资料 属性"对话框

第二步：查找 AD DS 内的资源。

企业系统管理员或员工可以通过多种方法来查找发布在 AD DS 内的资源，例如，可以使用网络或 Active Directory 用户和计算机控制平台。

本节以 Windows 7 客户端为例，展示通过网络来查找 AD DS 内的共享文件夹的步骤。一般只有系统管理员才会使用 Active Directory 用户和计算机控制平台来查找域内的资源。

（1）依次选择"Windows 资源管理器"→"网络"选项，单击窗口快捷菜单中的"搜索 Active Directory"链接，如图 14-10 所示。

（2）在打开的窗口中，在"查找"下拉列表中选择"共享文件夹"选项，在"关键字"文本框中输入"产品参数"，单击"开始查找"按钮。搜索结果如图 14-11 所示。

图 14-10 在网络中搜索 Active Directory　　图 14-11 搜索 AD 内的共享文件夹

（3）如果访问此共享文件夹的企业员工被分配了权限，则右键单击该文件夹，选择"浏览"命令，即可打开此共享文件夹，访问文件夹中的文件，如图 14-12 所示。如果没有权限，则需要向域管理员单独申请权限。

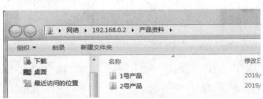

图 14-12 浏览共享文件夹

2. 将共享打印机发布到 AD DS

不是每个域用户都有外设打印机设备，将打印机共享并发布到 AD DS 后，域用户能很方便地通过 AD DS 查找并使用这台打印机。

在域内的 Windows 成员计算机中，部分共享打印机会默认发布到 AD DS，部分需要手工发布。在实际使用中，也可以将所有打印机共享后，由打印服务器通过网络查找安装这些共享打印机，再将它们发布到 AD DS 中供其他用户使用。

Win2012-2 服务器作为打印服务器，统一管理企业中所有的打印机设备。

方法一：以 Windows Server 2012 R2 为例。

依次选择"控制面板"→"设备和打印机"选项，右键单击要发布的打印机设备，选择"打印机属性"命令，单击"共享"选项卡，勾选"列入目录"复选框，其余选项默认，单击"确定"按钮，如图 14-13 所示。

图 14-13　打印机属性对话框（1）

方法二：以 Windows 7 计算机为例。

Windows 7 的操作与 Windows Server 2012 R2 一样，同样依次选择"控制面板"→"设备和打印机"选项，右键单击要发布的打印机设备，选择"打印机属性"命令，单击"共享"选项卡，勾选"列入目录"复选框，单击"确定"按钮，如图 14-14 所示。

3．用户或计算机通过 AD 搜索安装打印机

（1）域用户或域中的计算机在操作系统中依次选择"资源管理器"→"网络"选项，单击窗口快捷菜单中的"搜索 Active Directory"链接，如图 14-10 所示。在打开的窗口中，在"查找"下拉列表中选择"打印机"选项，然后单击"开始查找"按钮，如图 14-15 所示。

图 14-14　打印机属性对话框（2）

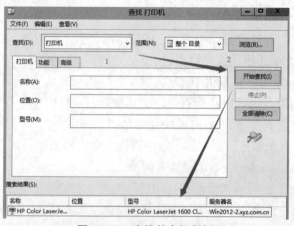

图 14-15　查找共享打印机

（2）双击搜索结果中的打印机设备，即可自动开始安装该共享打印机设备。如果要删除刚安装的打印机，则需打开"控制面板"中的"设备和打印机"窗口，找到此打印机，手工删除。

4. 用组策略将共享打印机部署给用户和计算机

在域控制器上添加了"打印和文件服务工具"后，通过 AD 域的组策略，将域控制器连接的物理打印机部署给域中的用户或计算机，只要计算机或用户应用了此策略，则可自动在操作系统上安装被部署的共享打印机，如果用户或计算机要删除该打印机，只要删除这条策略即可。

（1）在域控制器上"打印管理"窗口的左侧栏中，依次选择"打印管理"→"打印服务器"→"Win2012-2"→"打印机"选项，如图 14-16 所示。

图 14-16 打印管理

（2）在右侧栏中右键单击需部署的打印机，选择"使用组策略部署"命令，如图 14-17 所示。

（3）在"使用组策略部署"对话框中浏览 GPO 名称，本例中，以选择"Default Domain Policy"为例，勾选"应用此 GPO 的计算机（每台计算机）"复选框，单击"添加"按钮后再单击"确定"按钮，如图 14-18 所示。

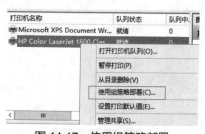

图 14-17 使用组策略部署

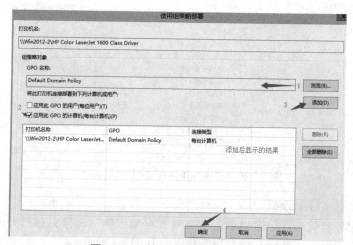

图 14-18 使用组策略部署打印机

（4）域内所有计算机应用此策略后，会自动安装此打印机，可以通过打开计算机控制面板中的"设备和打印机"窗口来进行查看，如图 14-19 所示。

图 14-19　域内计算机应用共享打印机策略结果

5. 文件服务器配置共享文件权限

第一步：安装文件服务器。

在 Win2012-2 上的"服务器管理器"窗口中选择"添加角色和功能"链接，进入"选择服务器角色"界面，在"角色"栏中，依次展开"文件和存储服务"→"文件和 iSCSI 服务"，勾选"文件服务器""文件服务器资源管理器"复选框，如图 14-20 所示，在弹出的对话框中单击"添加功能"按钮，然后单击"下一步"按钮，根据提示操作直至安装完成。

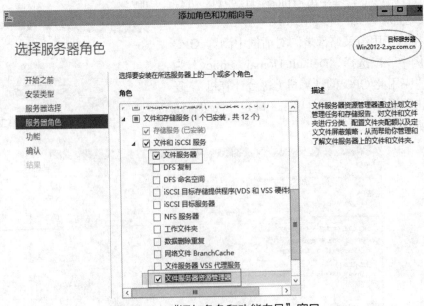

图 14-20　"添加角色和功能向导"窗口

第二步：配置文件服务器。

（1）在"服务器管理器"窗口单击"文件和存储服务"链接，在打开的新窗口中，选择"共享"命令，启动"新建共享向导"任务，如图 14-21 所示。

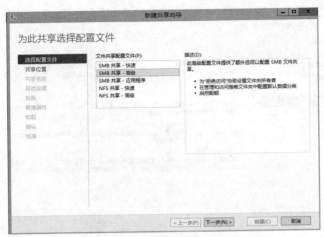

图 14-21 "新建共享向导"窗口

（2）文件共享配置文件共有 5 类，每选择一类，窗口右侧栏中都有针对此类共享的描述，本实例中选择"SMB 共享-高级"选项。单击"下一步"按钮，在打开的"选择服务器和此共享的路径"界面中选择"键入自定义路径"单选按钮，单击"浏览"按钮，选取需要共享的文件夹如"C:\产品资料"，单击"下一步"按钮，如图 14-22 所示。

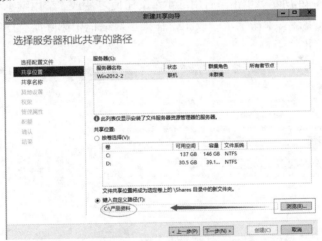

图 14-22 新建共享的位置选择

（3）在"共享名称"界面中输入设定的共享名称，也可保持默认，单击"下一步"按钮，打开"配置共享设置"界面，单击"下一步"按钮，如图 14-23 所示。

此处有 3 个功能可选，介绍如下。

> 启用基于存取的枚举：简要地说就是用户 A 具有访问 A 目录的权限，看不到共享的 B 目录，更不会单击 B 目录出现没有访问权限的提示，此功能增强了文件服务器的安全性。

> 允许共享缓存：有两种模式，分布式缓存模式与托管式缓存模式。前者用于企业或政府办事处等没有服务器的场所；后者主要用于分权机构，集中式管理所有缓存的文件信息。

> 加密数据访问：在共享文件传输时，对数据进行加密，以提高数据传输过程中的安全性。

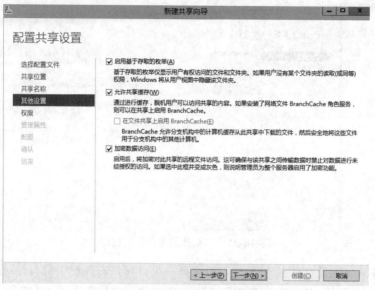

图 14-23　新建共享的其他设置

（4）在选项卡"权限"窗口中单击"自定义权限"按钮，打开共享文件夹的高级安全设置窗口，如图 14-24 所示，单击"启用继承"按钮使之变成"禁用继承"。此时，单击"应用"按钮后，再次单击"禁用继承"按钮，在提示对话框中删除所有已继承的权限，然后再单击"添加"按钮。

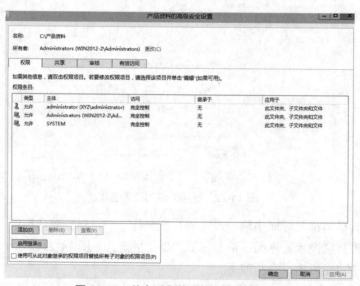

图 14-24　共享对象的高级安全设置窗口

（5）在"产品资料 的权限项目"对话框中，单击"选择主体"链接，如图 14-25 所示。

（6）输入要选择的对象名称（如 user1(user1@xyz.com.cn)），也可通过"高级"按钮来进行对象的查找，最后再单击"确定"按钮，如图 14-26 所示。

（7）设置选择主体对象对应的基本权限（完全控制、修改、读取和执行、列出文件夹内容、读取、写入和特殊权限），如图 14-27 所示。

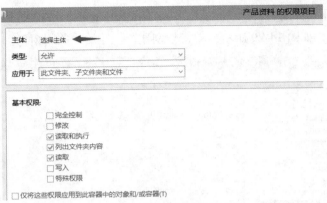

图 14-25　共享对象的权限项目

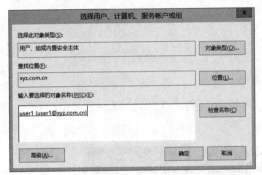

图 14-26　选择用户、计算机、服务账户或组

图 14-27　选择主体对象对应的基本权限

（8）单击两次"确定"按钮后，回到"新建共享向导"窗口，再单击"下一步"按钮，打开"指定文件夹管理属性"界面，设置文件夹用途属性，此处勾选"用户文件"复选框，单击"下一步"按钮，如图 14-28 所示。

图 14-28　"指定文件夹管理属性"界面

（9）在"配额"界面中，默认选择"不应用配额"选项，单击"下一步"按钮后进入"确认选择"界面，如图 14-29 所示，单击"创建"按钮后，关闭窗口。

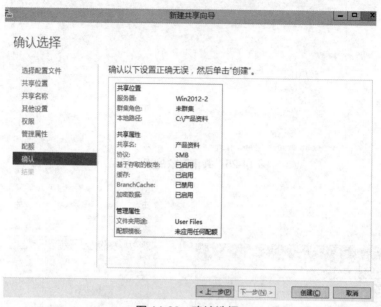

图 14-29   确认选择

（10）在"共享"窗口信息面板的中间位置可以看到刚建立的共享信息，如文件夹、路径、协议、空间大小等，如图 14-30 所示。

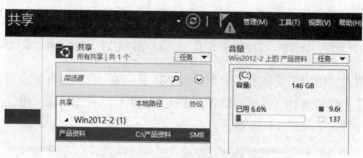

图 14-30   "共享"窗口信息面板

（11）用域中的计算机测试文件服务器创建的共享。打开"Windows 资源管理器"窗口，在地址栏中输入"\\192.168.0.2"，按 Enter 键后，可看到域服务器下的共享资料，如图 14-31所示。

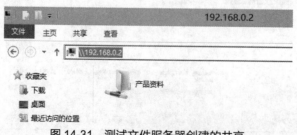

图 14-31   测试文件服务器创建的共享

（12）测试成功，文件服务器部署完成。

6．测试基于存取的枚举

枚举功能就是用户 A 访问共享时，只有 A 能看到自己有权限访问的文件夹或文件，其他用户看不到文件夹或文件，反之亦然。在前面的部署中，已设置了此功能。

（1）在 Win2012-2 服务器中打开共享目录"产品资料 属性"窗口，将其权限设置为"所有人都完全控制"，本实例中单独设置主体 user1 与 user2 的权限，如图 14-32 所示。

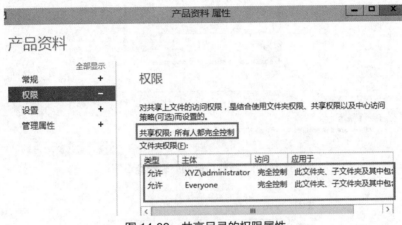

图 14-32　共享目录的权限属性

（2）在共享目录"产品资料"中新建 User01 和 User02 两个目录，如图 14-33 所示。

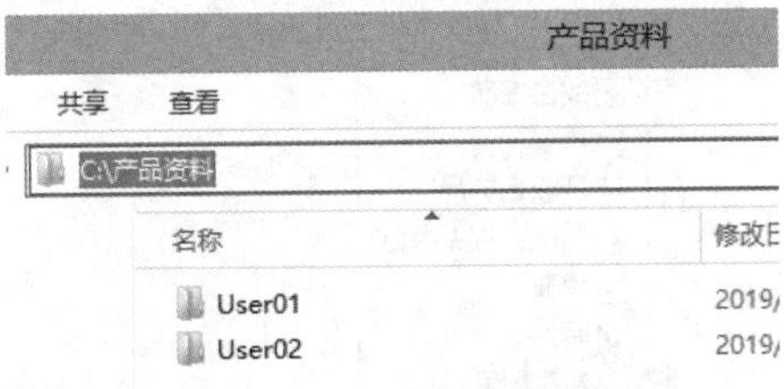

图 14-33　在共享目录中新建目录

（3）将 User01 目录的权限配给 user1，打开目录属性，单击"高级"按钮。在新打开的窗口中，单击"禁用继承"按钮，在弹出的对话框中单击"从此对象中删除所有已继承的权限"选项，如图 14-34 所示。

（4）添加主体对象 user1，"应用于"设为"只有该文件夹"，设置"完全控制"基本权限，如图 14-35 所示。

（5）用同样的方法将 User02 目录的权限配给 user2，打开每个目录的属性对话框，选择"安全"选项卡后，可查看最终结果，如图 14-36 所示。

（6）在域用户客户端操作系统中，依次选择"控制面板"→"凭据管理器"→"添加 Windows 凭据"选项，在窗口中分别用账户 user1 和 user2 登录，查看共享，如图 14-37 所示。

枚举功能测试完毕。

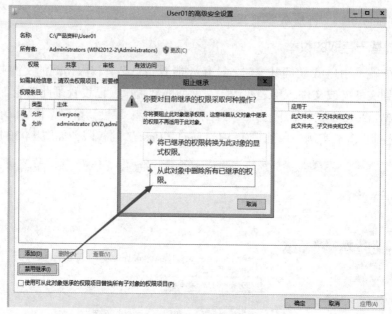

图 14-34　新建目录的高级安全设置

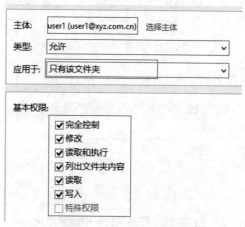

图 14-35　为新建目录分配权限

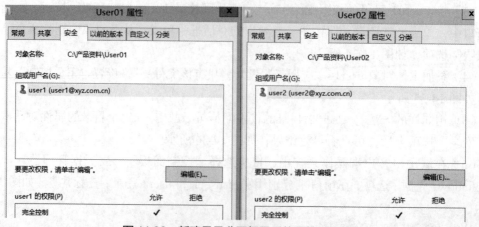

图 14-36　新建目录分配权限后的属性对话框

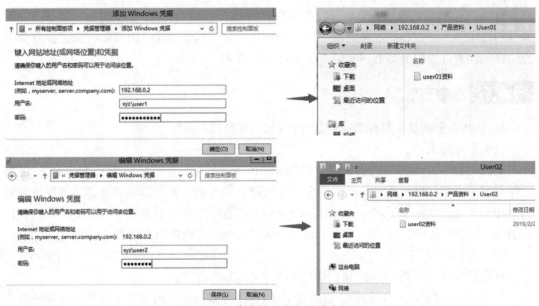

图 14-37　客户端用户查看共享目录

14.4　系统规划

企业局域网的系统规划实际上包括硬件系统规划和软件系统规划。硬件系统规划主要根据企业的实际情况来规划建设，包括网络传输通道、结构化布线及硬件系统的安装调试等，在本书中主要讲的是 Windows Server 2012 R2 的配置，所以省略系统规划中的硬件规划。而软件系统规划即对服务器操作系统进行规划，主要包括以下几方面。

用户/组：为企业的每个员工创建独立账户，为每个部门创建组，各员工加入各部门的组。为保证安全性，禁用 GUEST 用户。

磁盘管理：为保证数据安全，对没有采用硬件冗余（RAID-5）的磁盘，在操作系统中用软件方式实现冗余。

数据备份：冗余不能解决全部数据安全问题，如病毒的破坏、误操作均可能导致数据丢失，应制订数据的备份策略，定期备份数据。

组策略：有了 AD 服务器就能够对全部用户或者计算机强制执行统一的安全策略，统一应用软件的版本，因此，将在企业实行组策略。

网络安全保护：为提高企业局域网的安全性，在 NAT 服务器与 Internet 之间部署防火墙设备。

14.5　本章小结

本章介绍了企业局域网设计，文中以一个虚构的企业为例，从企业的网络需求、网络规划设计、系统规划 3 个方面讲述了 Windows Server 2012 R2 在企业局域网中扮演的 9 种角色功能，其中 DHCP、WINS、DNS、FTP、AD、NAT 等知识内容在书中的相关章节中已阐述，同时介绍了相关的例子。

因 Windows Server 2012 R2 只提供了 SMTP 服务，在用其作为邮件服务器时需借用第三方软件，且 SMTP 服务较简单，故在此章实例中没有加以介绍。文中着重介绍了文件服务器与打印服务器在企业业务需求中的几个应用，至于其他功能，因篇幅有限，没有全面介绍，但读者可以根据本书现有的章节进行自学研究。

14.6　章节练习

1. 实战：公司员工打开 IE 浏览器时自动打开公司主页。

（1）企业需求

某公司有 3 个大部门：研发部、财务部和市场部，统一由根域管理（abc.com）。现因业务需求，市场部拓展后需在全国建立 3 个分部：华中部、华南部和华北部，管理员规划为市场部单独建立一个子域（market.abc.com），且通过组策略配置使子域成员计算机在打开 IE 浏览器时自动打开公司主页"http://www.abc.com"。请按以上背景进行配置。

（2）实验环境

可采用 VMware 或 VirtualBox 虚拟机进行实验环境搭建。

2. 实战：根据练习 1 的企业需求建立 FTP 服务器，并分别为研发部和财务部的员工设置各自访问目录的权限（完全控制）。